心理学与经济

品墨 编著

中国商业出版社

图书在版编目(CIP)数据

心理学与经济 / 品墨编著. -- 北京 : 中国商业出版社, 2021.2

ISBN 978-7-5208-1461-4

Ⅰ. ①心… Ⅱ. ①品… Ⅲ. ①心理学-通俗读物②经济学-通俗读物 Ⅳ. ①B84-49②F0-49

中国版本图书馆 CIP 数据核字(2020)第 248429 号

责任编辑：谭怀洲　王彦

中国商业出版社出版发行

010-63180647　www.c-cbook.com

(100053　北京广安门内报国寺 1 号)

新华书店经销

三河市众誉天成印务有限公司

* * * * *

880 毫米×1230 毫米　32 开　6 印张　136 千字

2021 年 2 月第 1 版　2021 年 2 月第 1 次印刷

定价：36.00 元

* * * * *

前 言

在人们的日常生活中，许多与生计有关的现象都与经济学息息相关，每个人在生活中都在有意无意地运用经济学规律进行选择和取舍，消费、投资、理财、谈判、营销、管理乃至人际交往、职场竞争、爱情婚姻等，都是某种意义及程度上的经济活动。而经济学定律则是一种有助于我们直接提高效益的经济思维和经济方法的总结。经济学定律以各种形式在表象之下暗中支配着人们的人生和商务活动，掌握经济学定律，人们可以更深入地把握住经济思维的本质，提高自己看待财富、处理金钱、衡量利益的智商、情商和财商。一些特别的定律，其威力尤其巨大，可以轻而易举地帮助人们以少胜多，以小博大，以最小投入取得最大收益，达到四两拨千斤的神奇效果，甚至可以帮助你从无到有，白手起家，创造成功神话。掌握并运用这些定律，你的人生即踏上了通往成功的高速列车；相反，如果忽视这些定律，你的人生将永远在低速、低效率的状态下运转。经济学定律犹如一根“魔法棒”，指向哪里，哪里就会出现奇迹。

在经济学的研究方法中，我们可以看到心理学的位置。例如，边际效应分析是经济学科中一个重要的分析方法，简要是指消费者在逐次增加一个单位消费品的时候，带来的单位效用是逐渐递减的（虽然带来的总效用仍然可能是增加的）。在平常的生活中，我们向往某事物时，情绪投入越多，第一次接触到此事物时情感体验也越为强烈，但是，第二次接触时，会淡一些，第三次，会更淡。以此发展，我们接触该事物的次数越多，我们的情感体验也越为淡漠，一步步趋向乏味，这正是人们的心理因素在起作用。边际效应经常被运用在经济学中的需求分析上，这为经济学的研究提供了一个全新的分析范式。

基于上述思想，本书分别从心理学和经济学角度着手，遴选了大量神奇而经典的定律，包括晕轮效应、洛克定律、木桶定律、奥卡姆剃刀定律、墨菲定律、互惠定律、马太效应、奥肯定律、测不准定律、羊群效应等。其中的每个定律都是千百年来世界最优秀的心理学家、经济学家的思想和智慧的结晶，是经过千锤百炼、被实践反复验证的绝妙真理，也是我们必备的生存利器和成功法则。它们像一扇扇人类智慧的窗户，帮助我们看清复杂世界背后的真相，使我们更深刻地认识人性和社会的本质，洞悉成功人生的方略，然后顺势而为，收到事半功倍之效；它们是人生道路上的一盏盏明灯，指引我们在黑暗中顺利前进，无须再遭受不必要的挫折和走不必要的弯路。总之，你会为拿到这本书而庆幸不已，它曾经改变过无数人的命运，如今，也将让你告别昨日乏味的生活，让你真正成为自己命运的主宰者。

2020 年 8 月

目　录

第三章　决策：像经济学家一样思考

第四章　信息：“不懂信息，赶不上行市”

第五章　效用：满意价值千金，效用因人而异

第六章　经营：经营就是让价值最大化

第一章

经济：经济学是门经世致用的学问

马太效应：富者越来越富，穷者越来越穷

【定律阐释】1969 年，美国科学史研究者罗伯特·莫顿提出了马太效应，是指好的越好，坏的越坏，多的越多，少的越少的一种现象。

学会让自己的收益增值

假如你手里有一张足够大的白纸，请你把它折叠 51 次。想象一下，它会有多高？1 米？2 米？都不是。其实，这个厚度超过了地球和太阳之间的距离！财富与之类似，不用心去投资，它不过是将 51 张白纸简单叠在一起而已；但我们用心、用智慧去规划投资，它就像被不断折叠 51 次的那张白纸，越积越高，高到超乎我们的想象。

其实，根据马太效应，我们的收益是具有倍增效应的。你的收益越高，就越有机会获得更高的收益。

一位著名的成功学讲师应邀去某培训中心演讲，双方商定讲师的酬金是 300 美元。在那个时候，这一数字相当可观。

这是一场规模盛大的演讲会，参加的人很多。这位

讲师的演讲非常成功，受到了大家的热烈欢迎。同时，他也因此结交了更多成功学人士，感觉受益匪浅。

演讲结束后，他谢绝了培训中心给他的报酬，高兴地说："在这几天中，我的受益绝不是这几百美元所能买到的，我得到的东西，早已远远超出了报酬的价值。"

培训中心的领导很受感动，把这名讲师拒收酬金的事告诉了培训中心的所有学员。他说："这个讲师能够深深体会到他在其他方面的收获远远大于他的酬金，这说明了他对成功学的研究达到了很高水平，像他这样的讲师，才称得上是真正意义上的成功学大师，因为他已经深刻领会了成功的要素和成功的意义，那么他传授的成功学一定很具实用性，也是可行的。阅读他所著的成功学书籍，一定会得到真实的成功启迪。"

于是，培训中心的学员们纷纷购买了讲师所著的成功学书籍和录像带等产品。

后来，培训中心又把这名讲师拒收酬金的事写成激励短文挂在培训中心的阅览室里，参加培训的各期学员也都纷纷购买他的书籍和产品，使他的书籍再版了几次，总发行量超过了百万册。这样，仅在售书方面，讲师的收入就不是一个小数目了。

通过这个故事，我们不难发现，领悟了马太效应，对于我们获得更高的收益非常重要。

现实生活中，人人都希望自己富裕起来。那么，我们不能只看眼前的既得利益，应该把目光放得更远一些，看到马太效应的增值效果，让眼前的收益不断增值。这就好比将一张纸折叠51次那样，通过不断累加，你的收益才会越来越多。

【定律链接】投资，让金钱流动起来

据《犹太人五千年智慧》记载：

在古代的巴比伦城里，有位名叫亚凯德的犹太人，因为金钱太多闻名遐迩。而使他成为一位知名之士的另一原因，就是他慷慨好施，对慈善捐款毫不吝啬；他对家人宽大为怀，自己用钱也很大度。可是，他每年的收入仍大大超过支出。

他的一些童年时代的老朋友常来看他，他们说："亚凯德，你比我们幸运多啦。我们大伙勉强糊口的时候，你已成为巴比伦的第一富翁，你能穿着最精致的服装，享用最珍贵的食物。如果我们能让家人穿着可以见人的衣服，吃着可口的食品，我们就心满意足了。

"然而，幼年时代，我们大家都是平等的，我们都向同一老师求学，我们玩相同的游戏，那时无论在读书方面或在游戏方面，你都和我们一样，毫无才华出众之处。幼年时代过去以后，你依然和我们一样，大家都是同等的诚实公民，然而现在，你成了亿万富翁，我们却终日不得不为了家人的温饱而四处奔走。

"根据我们的观察，你并不比我们辛苦，你做工的忠实程度也未超过我们。那么，为什么多变的命运之神偏偏让你享尽一切荣华富贵，却不给我们丝毫的福气呢？"

亚凯德于是规劝他们说道："童年以后，你们之所以没有得到优裕的生活，是因为要么你们没有学到发财原则，要么没有实行发财原则。你们忘记了：财富好像一棵大树，它是从一粒小小的种子发育而成的。金钱就是种子，你越勤奋栽培，它就长得越快。”

钱是可以生钱的，你只有懂得了马太效应，大胆地使用你的金钱去投资，才可能成为一个真正富有的人。

布拉德和克里斯是一对非常要好的同学，他们毕业后到同一家公司上班，在公司里担任的职位、领取的薪水也都一样。此外，两个人都非常节俭，因此每个人每年都能攒下一笔钱。

但是，两人的理财方式完全不同。布拉德将每年攒下来的钱存入银行，而克里斯则把攒下来的钱分散地投资于股票。两人还有一个共同特点，那就是都不爱管钱，钱放到银行或股市之后，两人就再也没去管过它们了。

如此这般过了40年，克里斯成为拥有数百万美元的富翁，而布拉德的存折上却只有区区十几万元。

布拉德亲眼看着昔日的同学兼同事克里斯成为了百万富翁，而这40年来自己与他薪水收入相同、节俭程度相同。反观自己，40年下来只有十几万元。理财方式的不同造成了如此之大的差距。

投资决定收入。一般来说，每一次正确的投资都是在助长现金流动，一段时间之后，现金流动会带着更多的金钱回来。乔·史派勒曾写过这样一本书——《动手来种钱》。他在书中提到一个只剩下1美分的人，这个人开始用仅有的1美分

进行投资，他先将钱兑换成铜币，他心里告诉自己每次花掉的钱，他都要以 10 倍或更多倍的数量使它们再回到自己手中。这个人最后依靠这种方法获得了更多的财富，最终成了一个富翁。

所以，让金钱流动起来，它就是你的摇钱树！

集聚效应：集群发展，经济更上一层楼

【定律阐释】各种产业和经济活动在空间上集中产生的经济效果以及吸引经济活动向一定地区靠近的向心力，是导致城市形成和不断扩大的基本因素。集聚效应是一种常见的经济现象，最典型的例子当数美国硅谷，聚集了全球几十家IT巨头和数不清的中小型高科技公司。

产业集群带动经济发展

自然界里有许多“集聚现象”，如沙漠里的灌木，科学研究表明它们的分布跟降水量和地下水系的分布有很大关系，一般呈现出成群聚集的状态，这样才能更好地存活。在现实经济领域中，也能找到许多“集聚效应”的例子。

例如，在我国浙江，诸如小家电、制鞋、制衣、制扣、打火机等行业都各自聚集在特定的地区，形成一种地区集中化的制造业布局。自20世纪90年代以来，江苏省利用外商直接投资，取得突飞猛进的发展。外商直接投资大规模进入，让集聚效应的优势明显地发挥出来，有力地促进了江苏省经济的快速增长，江苏因此成为当时我国经济增长最快的省份之一。

集聚效应出现在工业领域，能产生很好的效果，比如生产成本的降低，物流成本的降低，能源消耗的降低等。对于地方区域来说，集聚效应的积极作用很明显，它几乎聚集了全国顶尖的人才、科研机构、知名外企等，具有一系列优势。

在我国，最能体现集聚效应的就是一线大城市了，这种优势主要体现在产业集聚、人力资本集聚和创新活动集聚这三个方面。

中关村的发展实践，凸显了人才的“集聚效应”。越来越多的人才荟萃中关村科技园，实现理想，成就事业。这些集聚到中关村的高科技人才，提升了我国的自主创新能力，极大地推动了北京新兴产业的发展，一个具有全球影响力的科技创新中心已逐渐成形。

同时，自从北京提出发展文化创意产业以来，北京的文化创意产业也明显呈现出集聚效应。

经过不断的发展，北京文化创意产业不仅稳步发展，而且文化创意产业集聚效应日益明显。

上海是长三角地区的中心城市，集聚效应是它与其他城市之间关系的最主要特征。自改革开放以来，上海经济发展表现出雄厚的实力。上海世博会是全球创意人和创意产业的“奥运会”，世博会上各种创新思想、新理念、新文化、新产品的交流碰撞也将激发创意人才思维模式的转变与创新，从而推动创意产业、创意经济迈上新台阶，创意经济的发展将进一步推动国内相关产业的升级。

由此可见，在创新型经济发展的中国，以文化产业为龙头的创意经济正在成为地方经济发展的“加速器”。

坚持集中发展，发挥集中优势

按照优势产业集聚发展的原则，我们要注重推动优势产业、优势资源、优势企业和要素保障集聚，把握市场需求，充分发挥主导产品的优势，推进同业集聚和产业协作，发挥带动功能，加大整合力度，从而走上一条节约、集约的资源可持续利用之路。

实践证明，工业集中发展不仅可以结合增长方式的转变，把服务、土地、劳动力等方面的优势聚集在一起，形成规模效益，产生集聚效应，成为加速工业化和城镇化进程的有效途径，而且可以成为经济发展的带动平台、体制和科技创新的试验平台。

近年来，全球跨国公司纷纷采取“集聚生存”这种生存战略。“集聚生存”是指各个跨国公司基于各自核心竞争优势，为了获取合作伙伴的互补性资产，以扩大企业利用外部资源的边界，增强彼此的市场竞争地位，形成了一种事实上的相互依赖和互为客户或以联盟为发展的基础。跨国公司的集聚生存既是市场激烈竞争的结果，又是市场竞争的反映。随着社会分工的深化和竞争的加剧，任何一个公司都无法仅依靠自己的力量在价值链的每个环节都取得优势地位。相反，竞争促使各跨国公司将自身资源逐渐集中于其最具优势的环节或能力，而将其不具竞争优势或优势较小的业务部分外包给其他公司。这种业务调整的结果是：各跨国公司只专注于自己最擅长的领域，而通过协议或客户网络获得公司生存所必需的外部资源支持。跨国公司这种业务整合是随着科技进步、分工细化以及市场结构的变迁持续进行的。跨国公司持续的业务分化组合的结果在客观上促进了价值链上相关公司的发展，这些公司的发展反过来更有利于跨国公司集中自身优势于全球竞争——这是一种相互依赖的网络化生存关系。集体化生存使各公司均获得了仅靠自身力量无法得到的市场竞争优势地位，形成了一种集聚效应。

纽约这座国际大都市是世界最大的跨国公司总部最为集中之地，可谓是全球总部经济的成功典范。在财富500强公司中有46家公司总部选在纽约，并发展形成了与之配套的新型服务业。在纽约，有很多法律服务机构、管理和公关机构、计算机数据加工机构、财会机构、广告服务机构、研究机构等。同时，许多全球制造企业都在这里设立了总部机构（如洛克菲勒中心），并且纽约还是名副其实的国际金融经济中心。

香港总部经济助推国际化大都市转型。香港已经吸引数千家跨国公司在港设立亚太总部、地区总部，香港的中环区便是总部聚集的区域。目前，这一地区集中了大量的金融、保险、地产及商用服务行、中国银行新总部等，已发展为成熟而标准的CBD，成为香港经济的“心脏”。

对我国来说，跨国公司来中国集聚产生的效应，有利有弊。跨国公司和国际资本集聚中国，促进了中国的资本形成和资本积累，中国产业结构调整与升级，先进技术和人才的引进，国内就业水平的提高和当地政府税收的增加。不过中国企业也因此将面临越来越多的具有国际竞争优势的跨国公司的挑战。

测不准定律：越是“测不准”，越有创造性

【定律阐释】测不准定律又名“不确定关系”，原是量子力学的一个基本原理，由德国物理学家海森堡于1927年提出。该原理表明：一个微观粒子的某些物理量（如位置和动量，或方位角与动量矩，还有时间和能量等），不可能同时具有确定的数值，其中一个量越确定，另一个量的不确定程度就越大。同自然科学一样，经济学中也面临着许多测不准的情况，如股市、基金等。

我们生活在一个“测不准”的世界

德国物理学家海森堡的量子力学的测不准定律，带来了物理学上的革命，他也因此获得诺贝尔奖。这一定律冲破了牛顿力学中的死角，表明人类观测事物的精准程度是有限的，或者说错误难免，任何事皆有可能。

而对于经济学来说，索罗斯则发现了“经济学的测不准定律”。这个创造了许多金融奇迹的人，依然在创造着惊涛骇浪般的奇迹。索罗斯号称“金融天才”，从1969年启动的“量子基金”，以平均每年35%的增长率令华尔街的同行目瞪

口呆。他似乎在用一种超常的力量左右着世界金融市场，创下了许多令人难以置信的业绩。

传统的经济学理论总是宣扬市场如何有规律、如何有理性，而在多年的经商过程中，索罗斯却发现那些经济理论是那么地不切实际。他对华尔街进行深入分析，察觉到金融市场的现实其实就是混乱无序。市场中买入卖出决策并不是建立在理想的假设基础之上，而是基于投资者的预期，数学公式是不能控制金融市场的。人们对任何事物能实际获得的认知都并不是完美的，投资者对某一股票的偏见，不论其肯定或否定，都将导致股票价格的上升或下跌，因此市场价格也并非总是正确的，并非总能反映市场未来的发展趋势的，它常常因投资者以偏概全的推测而忽略某些未来因素可能产生的影响。

实际上，并非目前的预测与未来的事件吻合，而是目前的预测造就了未来的事件。所谓金融市场的理性，其实全依赖于人的理性，赢得市场的关键在于如何把握群体心理。投资者的狂热会导致市场的跟风行为，而不理性的跟风行为会导致市场崩溃。这就是他所提出的经济学“测不准定律”。所以，投资者在获得相关信息之后作出的决定，与其说是根据客观数据作出的预期，还不如说是根据他们自己心里的感觉作出的预期。

同时，索罗斯还认为，由于市场的运作是从事实到观念，再从观念到事实，一旦投资者的观念与事实之间的差距太大，无法得到自我纠正，市场就会处于剧烈的波动和不稳定的状态，这时市场就易出现“盛—衰”序列。投资者的赢利之道就在于推断出即将发生的预料之外的情况，判断盛衰过程的出现，逆潮流而动。但同时，索罗斯也提出，投资者的偏见会导致市场跟风行为，而盲目从众的跟风行为会让人们过度投机，最终的结果就是市场崩溃。

当然，在“测不准”当中，他又有“测得准”的由盛而衰的波动定律，投资者的赢利之道就在于及时地推断出即将发生的新情况，逆流而动。可究竟何时动何时不动，又完全取决于投资者本人的悟性。他说：“股市通常是不可信赖的，因而，如果在华尔街你跟着别人赶时髦，那么，你的股票经营注定是十分惨淡的。”

股市的测不准现象比比皆是。在2008年的经济背景下，国际金融危机、国内经济压力重重，分析师们存忧患意识，看空市场理所当然。但市场却否极泰来，反而杀出了一条血路，正应了一句名言：这是最坏的时候，这也是最好的时候。但过去的毕竟已经过去，股市着眼于今天和明天。在2010年之前，连续5年相关机构对股市的预测都看走了眼，大多数机构在年末对来年股市的走势都判断失误。其中2009年的股市报告，大家都可以当笑话来读，大多数专业人士的判断是2009年股市上半年没有行情，下半年有小行情，房市可能会崩盘。可是最后结果证明，2009年房市、股市走出了大牛市。

机构的预测报告本来就是顺应媒体和股民的需求而产生的，那些企图预测股市的人，天天在预测，而股市的结局跟足球赛一样，是不可预测的。从科学的角度看，本来就“测不准”的，点位测市行为本身是错的，却偏要作个正确的预测结果出来，自然是难以做得准了。

近年来，另一个遵循“测不准”原理的就是国际原油价格。许多人热衷于预测油价，对油价走势进行判断，但油价预测已经无异于猜谜游戏。因为影响油价的因素实在太多了：影响油价的基本原理应该是市场供求关系，但地缘政治冲突、自然灾害影响、恐怖活动威胁以及基金投机炒作等因素扭曲了国际石油市场供需的真相，国际油价随之大起大落，上涨之高甚至大大超出一般预期。

从经济学视窗看“测不准”

经济学中常用的马歇尔局部均衡“供给—需求”模型，这一模型包含相当多的“其余条件”，如偏好稳定、市场出清、不考虑其他商品等，可是在现实经济生活中，这一点是无法办到的，我们无法构筑这样一个定律能够完全发挥作用的环境。

> 1974 年，美国政府为清理翻新自由女神像扔弃的废料，向社会广泛招标。由于美国政府出价太低，好几个月没人应标。正在法国旅行的一个得克萨斯人听说了这件事，立即乘飞机赶往纽约，看过自由女神像下堆积如山的钢块、螺丝和木料，他喜出望外，未提任何条件，当即就签字包揽了下来。纽约的许多运输公司为他的这一愚蠢举动暗自发笑，因为在纽约州，对垃圾的处理有严格的规定，弄不好就要受到环保组织的起诉。就在这些人要看这个得克萨斯人的笑话时，他开始组织工人对废料进行分类。他让人把废铜熔化，铸成小自由女神像，用废水泥块和木头块加工成底座，把废铅、废铝做成纽

约广场型的钥匙挂，最后他甚至把从自由女神像上扫下的灰尘都包装起来，出售给花店。不到3个月的时间他让这堆废料变成了350万美元现金，使每磅铜的价格整整翻了1000倍。

不得不承认，生活中有时候一个创意带来的实际成效，抵得上100个人缺乏创新的千篇一律的劳动。实现这种大幅度的飞跃，不仅需要主动性，而且需要发挥创造力。在新的未知领域，有很多难以准确估计、精确测量的不确定性，但这些地方也正是提供跳跃的最好平台。比如，资金是制约企业初期创业发展的一个重要因素，这就为企业的前途增加了不确定性。但是，有的时候，越缺少资金，企业对市场的适应性也会因此越强。因为过分地依赖资本本身就会使得公司面临风险。所以，企业轻装上阵，反而能没有负担地发挥创造性。

【定律链接】创意经济发展七模式

政府驱动型：以国际战略形态由政府积极推动创意产业发展的类型。该类型以美国、英国、日本、新加坡、韩国和中国香港地区为代表，尤以英国政府1997年后大力推动的“创意工业”成效最为显著。

艺术家驱动型：原生态的创意经济形态。其主要代表是闻名于世的美国纽约市的SOHO区。近几年在中国出现的北京798厂大山子艺术区、上海苏州河仓库艺术区、昆明上河创库区等，是创意产业在中国开始起步的先声。

社区合作型：指政府在公共发展的区域政策指导下，在调动财政、税收、金融、补贴、科研、规划等政府力量的同时，充分发挥市场、社会、企业不同的创新力量，吸引各国各地创意阶层共同参与，形成复合型的区域创新商业模式创意产业新社区。这种发展形态以90年代以来东柏林旧城区的成功改造最具代表性。

传统保护型与旅游泛化型：依据本地城镇与街区的传统文化、建筑、工艺与人文资源，或利用专项基金进行传统艺术或遗产文明的保护性移植、复制与传承，均可以列为创意经济的范围；而旅游泛化型则多依靠旅游经济带动，在以旅游为主的同时，由创意艺术家与商家相互促动形成新的创意工业。

企业推动型：企业推动型是指企业依靠自身的资源与优势，在发现、识别并选择创意经济作为企业投资的产品方向后，整合社会创意与中介人群，与其他街区社区的发展定位形成互动与差异，成为当地创意产业的主力推动者这一创意经济发展类型。其成功案例有深圳华侨城的旅游地产双主题开发模式，成都置信地产古城再造与旅游地产模式，北京红石地产“长城公社”试验性建筑俱乐部模式，上海证大地产现代艺术馆与商业地产一体模式等。

口红效应：经济危机中逆势上扬的商机

【定律阐释】口红效应，也叫“低价产品偏爱趋势”，是20世纪30年代美国经济大萧条时期首次提出的经济理论。这是一种有趣的经济消费现象：每当经济不景气，人们的消费就会转向购买廉价商品，而口红作为一种廉价的非必要之物，可以对消费者起到一种安慰作用。口红效应属于一种在特殊时期的有趣的经济现象。

“口红”为何走俏

韩国经济不景气的时候，服装流行的是鲜艳的色彩，并且短小和夸张的款式订单比较多；日本现在的服装产业正处于低谷，但是修鞋、补衣服之类的铺子，生意却出现了一片繁荣的景象；美国20世纪二三十年代的大萧条时期，几乎所有的行业都沉寂趋冷，然而好莱坞的电影业却乘势腾飞，热闹非凡，尤其是场面火爆的歌舞片大受欢迎，给观众带来欢乐和希望，也让美国人在秀兰邓波儿等家喻户晓的电影明星的歌声舞蹈中暂时忘却痛苦。

以上这些都是“口红效应”发挥作用的表现。经济不景气的时候，生活压力会增加，人们的收入和对未来的预期都会降低，这时候首先削减的是那些大宗商品的消费，如买房、买车、出国旅游等，这样一来，反而可能会比正常时期有更多的“闲钱”，正好需要轻松的东西来让自己放松一下，所以会去购买一些“廉价的非必要之物”，从而刺激这些廉价商品的消费上升。

金融危机的寒流，并不会让所有的行业都陷入低迷的境遇，经济政策制定者和企业决策者可以利用“口红效应”这一规律，适时调整自己的政策和经营策略，就能最大限度地降低危机的负面影响。所以，危机到来的时候，商家所要做的就是打造危机下的口红商品，只要人人都努力了，都在想方设法地卖出自己的那支“口红”，“口红效应”就有可能发生意想不到的作用。

要想利用“口红效应”来拉动销售，需要满足以下三个条件：

首先，所售商品本身除了实用价值外，要有附加意义。同样花几十元钱，比起喝咖啡和坐出租车，还是看电影更有吸引力，可以带来两个小时或者更长时间的持续满足感。危机时期令人绝望的境况，让人们黯然神伤，信心与快乐成为最稀缺的商品。而此时，文化娱乐产业将成为“口红效应”中的获益者。

其次，商品本身的价格要相对低廉。在经济不景气的时期，人们的收入会较之过去有不同幅度的下降，从而导致对消费品的购买力也会下降。对于大型投资或者奢侈品的购买在这一阶段不会赢得消费者青睐，反倒是一些价格低廉的商品在此时会迎来销售的“春天”。

最后，商家要适当引导消费者，带动间接消费的欲望。20世纪二三十年代经济危机时期却成为了好莱坞腾飞的关键时期。在经济最黑暗的1929年，美国各大媒体就纷纷开辟专版，向公众推荐适合危机时期观看的疗伤影片。不仅如此，好莱坞还就着这种经济不景气的现状，顺势举行了第一届奥斯卡颁奖礼，每张门票售价10美元，引来了众多观众的捧场。1930年的梅兰芳远渡重洋，在纽约唱响他的《汾河湾》，大萧条中的美国人一边在街上排队领救济面包，一边疯狂抢购他的戏票，5美元的票价被炒到十五六美元，创下萧条年代百老汇的天价。

经济危机中常见的生机产业

经济发展有其自身的规律，金融危机的爆发也是经济发展过程中出现的不可避免的问题。当出现这种现象时，商家不可坐以待毙，要学会从低潮中寻找新的商机，迅速实现产业的转型，从而让经济危机的劣势转化为产业发展的优势。就“口红效应”而言，它的受益产业主要有以下几个：

第一，化妆品行业。

据有关统计显示，美国1929年至1933年工业产值减半，但化妆品销售增加；1990年至2001年经济衰退时化妆品行业工人数量增加；2001年遭受9·11袭击后，口红销售额翻倍。我们可以发现，化妆品行业出现繁荣的时期都是对民众产生较大影响的时期。在人们心灵受伤的时候，格外需要一些低廉的非必要品来给自己疗伤，从而给商家带来商机。

第二，电影产业。

美国电影一直是“口红效应”的受益者之一，20 世纪二三十年代经济危机时期恰恰也是好莱坞飞速发展的时期，而 2008 年的经济衰退也伴随着电影票房的攀升。同样，我国的文化产业也借着“口红效应”实现了一个新的跨越。2008 年 12 月公映的冯小刚电影《非诚勿扰》首周票房就超过了 8000 万元。12 月 17 日，国家广电总局电影局副局长张宏森透露，2008 年主流院线票房已经超过了 40 亿，比 2007 年增长 30%。其中，票房过亿的国产电影数量也历史性地超过了好莱坞大片，达到 9 部之多。和几年前一些偏冷门的类型题材的电影在市场上没有生存空间不同，今天的观众走进影院，既能看到传统功夫片《叶问》，也可以选择结合了艺术和商业的《梅兰芳》《爱情呼叫转移 2》《桃花运》等影片。观众审美需要不断增加，电影创作也应以多类型、多品种、多样化的电影产品结构来支撑市场。也许这正是“口红效应”在我国的一种反映。

第三，动漫游戏行业。

据日本市场调研机构当年发布的消费统计数据显示，虽然其他行业走冷，游戏机行业中的任天堂和索尼 PSP 却销量大增，其中很大一部分将作为圣诞节和新年的礼物，成为日本玩家迎接新年的伴侣。看来，无论其他行业的形势如何严峻，游戏会一直都是人们放松和疗伤的最优选择。

经济危机不会长久地存在于人们的生活中，终究还是会有回暖的时候。其实，经济增长的步伐偶尔慢下来，也未必不是一件好事。人们可以从繁忙的工作与生活中走出来，谈谈情，唱唱歌，跳跳舞，回归家庭，一箪食，一瓢饮，不改其乐。而企业则可以在这其中寻找商机，创造一支能让人们心仪的“口红”，推广开来。如此看来，“口红效应”也会实现双赢。

第二章

价值："值不值"与"贵不贵"

钻石与水悖论：商品价值与稀缺有关

【定律阐释】没什么东西比水更有用，但能用它交换的货物却非常有限，很少的东西就可以换到水。相反，钻石没有什么用处，却可以用它换来大量的货品。

物以“稀”为贵

向你提出一个有趣的问题，也是经济学家几个世纪以来争论不休的问题：水和钻石相比，谁的价值更高一些呢？

毫无疑问，一杯水和一颗钻石同时摆在我们面前，我们当然会说水的作用更大，但是你会选择水吗？恐怕多数人会选择钻石，因为大家觉得钻石比水的价值更大。这是为什么呢？

为什么水对人类的作用这么大，可它的价值却如此低？钻石除了能让人炫耀财富外，几乎没什么用途，为何价值却如此大呢？这就是困扰经济学家几百年之久的著名的“钻石与水悖论”，也就是价值悖论。

我们都知道，物以“稀”为贵，越是稀缺的东西，其价值越是不菲。亚当·斯密在一次演讲中提到：“仅仅想一下，水是如此充足便宜以至于提一下就能得到，再想一想钻石的稀有……它是那么珍贵。”当供给条件变化时，产品的价值也会变化，斯密提到，一个曾在阿拉伯沙漠里迷路的富商会以很高的价格来评价水；如果工业能成倍地生产出大量的钻石，钻石的价格将大幅度下跌。

经济学家约翰·劳用数量与需求的关系来解释这个悖论，他认为虽然水对人类的作用很大，但世界上水的数量远远超过人们对它的需求，而钻石却恰恰相反，数量远远小于人们对它的需求，所以钻石的价值高，而水的价值小。

西方边际学派用“边际效用”说明价值悖论。相对于人的需求来说，水的总量是用之不竭的，而人们对喝水的需要是有一定限度的，随着肚子逐渐鼓胀起来，水就变成可喝可不喝的了，即此时水的价值很小；而相对于人的需求来讲，钻石的数量少得可怜，十分难得，自然钻石的边际效用很大，按照边际效应决定商品价值的观点，钻石的价值很大。

我们生活的地球上，生产资源有限，而人们对商品和服务的需求却是无限的。我们的金钱、时间等有限的资源，便是经济学中所指的“稀缺资源”。稀缺并不是说数量很少，而是指不可以免费得到，必须要有所付出才可以获得，而得到的多与寡，取决于你付出代价的多少。

当你想考取一所名牌大学时，当你想要追求一个可爱美女或“钻石王老五”时，当你想买一个LV限量包时，都会面临稀缺的烦恼。那么，亿万富翁就无须面对稀缺的烦恼了吗？当然不是，对比尔·盖茨这样的人来讲，或许他想要在更短的时间内做更多的慈善事业，或许他想要拿出更多的时间陪陪家人以享受更多的家庭温暖，对于他们来说，时间总是稀缺的。所以，稀缺是每个人都必须面临的问题。

对某些稀缺的产品来说，其价格往往会高到令人瞠目结舌的地步。以手机号为例，在 2009 年新版的吉尼斯世界纪录显示，2006 年 5 月 23 日，卡塔尔电信运营商拍出了全球最昂贵的手机号码——6666666，最终成交价格为 1000 万卡塔尔里亚尔，根据当时汇率水平计算约合 275 万美元。吉尼斯世界纪录此前记载的最昂贵的手机号码是中国四川航空以 48 万美元拍得的 88888888 手机号。

个性号码是有限的，有限的资源不可能使每个人得到满足。因此，在资源稀缺的前提下，对于这些吉祥号码，就必须以高价才能获得。

其实资源的稀缺性，有些是天生的，如金子、钻石等；有些是衍生的，如耕地，随着人口的增多，人均耕地越来越少，因为稀缺更显其价值。经济学中的稀缺性原理可以解释生活中许多不可思议的现象。

所以，不管是看似便宜的水（其实据统计，地球淡水含量也在逐年迅速减少），还是“钻石恒久远，一颗永流传”的钻石，其真实的价值都是根据稀缺程度来决定的。如果我们不珍惜水资源，到“最后一滴水将是我们的眼泪”时，水的价值将远远高于千万颗钻石的价值。

我们购买的，其实是商品的使用价值

惠施是名家的代表人物，有一次和庄子对话：“魏王送给我一粒大葫芦种子，我把它种了下去，没想到收获的葫芦太大了，竟然可以在里面存放五石粮食。我想用它来存水，可是它的皮太脆，没有力量承受；我想把它剖开当瓢用，可是它太大，没有水缸能够容纳它。它太大了，大到了无所适用的地步，所以我一生气，就把它给砸碎了。”

庄子回答说：“以我的看法，不是瓢大无用，而是你不懂得如何使用。过去宋国有一个人，善于配制不裂手的药，正因为有这种技能，所以他家世世代代都在从事漂洗纱絮的工作。有一位南方客人听说这件事后想花百万金子买他家的药方，一家人聚在一起商量了起来。大家都说：‘我们家世世代代做漂洗纱絮的生意，一年下来顶多不过挣几万金子。现在只是出卖不裂手的药方就能得到百万金子，这么好的事情哪有不做的道理呢？’于是便把药方卖给了人家。那位客人将这个方子献给了吴国的国王。后来，吴国与越国进行水战，用这个方子制药，涂在手上防冻裂，而越国将士的手却个个皮裂指肿，难以使用兵器，被吴军打得大败而逃，最后只好向吴国献地乞降。同一种药方，作为一种不裂手的技术，并没有发生变化，可是有人用它漂洗纱絮，有人却能用它拓展疆域，这是在使用方法上的区别呀。现在先生有一个可放五石粮食的葫芦，为什么不把它剖开做成小舟漂浮于江湖之上，而却在那里为其没有用处而犯愁呢？”

《逍遥游》中讲的这个“大瓢无用”的故事，就是有关大瓢的使用价值的。

所谓使用价值，指能满足人们某种需要的物品的效用，如粮食能充饥，衣服能御寒。使用价值是商品的基本属性之一，是价值的物质承担者，是形成社会财富的物质内容。空气、草原等自然物，以及不是为了交换的劳动产品，没有价值，但有使用价值。

任何物品要成为商品都必须具有可供人类使用的价值；反之，毫无使用价值的物品是不会成为商品的。

通常情况下，同一事物蕴涵着多种使用价值；同一使用价值又可由多种事物表现出来，同一事物对于不同使用主体可表现出不同的使用价值，同一事物对于同一使用主体在不同的使用时间或在不同的环境条件下可表现出不同的使用价值。

使用价值反映了事物对于人类生存和发展所产生的积极作用。大千世界里各种事物以千姿百态的使用价值为人们所喜爱、所器重，构成了人们丰富多彩的物质生活和精神生活内容，人们的一切活动都离不开这些事物的使用价值。

使用价值是明显不同于交换价值的：首先，使用价值是商品的自然属性，反映的是人与自然的关系，交换价值是商品的社会属性，反映的是商品生产者之间的社会关系；其次，使用价值是永恒的范畴，交换价值只有在商品上才能得到体现；再次，使用价值的存在不以交换价值的存在为前提，而具有交换价值的物品必定具有使用价值；最后，商品生产者生产商品是为了获取交换价值，商品消费者是为了获取使用价值，只有通过交换才能解决二者的矛盾。

【定律链接】认识“交换价值”与“价值量”

交换价值：指的是当一种产品在进行交换时，能换取到其他产品的价值。交换价值在马克思的经济学说中，是物品借着一种明确的经济关系才能够产生出的价值，也就是说，经济关系乃是交换价值的背景。交换价值只有一个产品在进行交换时，特别是产品被作为商品在经济关系中出售及购买时，才具有意义。

价值量：商品的价值量不是由各个商品生产者所耗费的个别劳动时间决定的，而是由社会必要劳动时间决定的。在其他条件不变的情况下，商品的价值量越大，价格越高；商品的价值量越小，价格越低。若其他因素不变，单位商品的价值量与生产该商品的社会劳动生产率成反比。

首位效应："首位"具有决定权

【定律阐释】首位效应源于心理学一个古老的发现，即人们总是更倾向于记住位于开始和末尾的事情。也就是说接触一件新事物的时候，开始阶段和最后阶段的信息相对于中间阶段的信息更容易被记住。这一效应在经济活动中体现得也非常明显。

"首位"的强大影响力

安踏，这个晋江鞋业的传奇，这个国内首屈一指的运动品牌，是什么让这家公司在短短十几年里那么成功，取得如此辉煌的成就？主要是因为安踏在营销手段中成功地运用了"首位效应"，取得了最大的先机。

讲述安踏的成功，似乎谁也绕不开孔令辉代言安踏这个事件。

职业经理人叶双全，向安踏总裁丁志忠详细地介绍耐克等国外品牌明星代言的做法，并带来朴实有效的品牌营销理念。这种做法虽然在国外已经是很平常的方式，但在国内尚属空白，更为关键的是安踏极具开创性地采用了“体育明星+央视”的营销手段。

1998年体育界人士王奇征向安踏总裁丁志忠推荐孔令辉，随后双方很快就敲定了由孔令辉代言安踏。从1999年起每年80万元超值签下孔令辉之后，丁志忠当时想去央视做广告，结果得到股东的一片反对声。因为当时安踏一年的利润不过400万元，向CCTV5支付的广告费就需要300万元，半年里的广告预算已经占到利润5/6。丁志忠还是坚持了自己想法，作出了这个极具风险的决定。

结果孔令辉在2000年悉尼奥运会上发挥极其出色，他战胜老对手——瑞典乒乓球名将瓦尔德内尔，完成了自己的“大满贯”，他在那一届奥运会上成就了自己体育生涯最精彩的一刻。许多观众至今对孔令辉激动地亲吻国旗的画面印象深刻，而安踏也因此迎来了第一次起飞。

孔令辉的一举成功深刻影响到安踏的家族管理体系。中国杰出乒乓球运动员，“体育明星+央视”里的体育明星，伴随其奥运会冠军的光环与强势媒体的广告投放，一个品牌制造成功！

现在来看，安踏当年的决定，就利用了十分强大的“首位效应”。那是行业内第一次聘请体育巨星代言，自然容易获得关注。

首位效应应用很广。比如律师在不与庭审思路冲突的前提下，把最关键的证人或最关键的事实叙述放在开头或结尾来讲，就是因为首位效应会让法官可能对开头和结尾的陈述记忆深刻。再如对单词表开始部分的单词的记忆效果优于中间部分，回忆率高。

再比如，当年的房价上涨成为社会、民生、经济等许多方面的热点，当时首都北京的房价飙升尤其明显。有人说，北京的房产市场其实是在满足着来自全国的需求量。这样说可能一点都不过分，需求量几乎是任何一个商品交易市场得以繁盛的筹码。然而，极大程度上支撑着房价的原因，其实就是因为北京具有极其强大的首位效应。北京房价的附加值太多，它带来的除了房子之外，还有最优秀的医疗机构、教育机构、大型商业等其他附加项。

北京的首位效应，随着外省人士购买力的上升，开始呈现出升级趋势。这表明不仅仅是有钱人，而是稍有购买力的外省人士都在涌向北京，这就是北京首位效应的强大吸引力。

企业之间的经营差距比较明显，尤其是在每个城市名列前茅的房地产经纪企业，如上海的上房置换、广州的满堂红等在当地市场均拥有最高的市场占有率和品牌知名度，与其他房地产经纪企业拉开了较大距离。有研究表明，房地产经纪企业在一个城市拥有的市场占有率和品牌知名度具有良性的相互促进作用，这在一定程度上说明百强企业争夺城市市场第一名具有很高的市场价值，这就是首位效应明显的表现。

抢占先机，制造首位效应

阿里巴巴之所以能成为国际各著名媒体关注的焦点，最为关键的是“垄断机会”，而这种垄断带来的主要优势之一，就是“首位效应”。

作为民营企业的阿里巴巴，缺乏国家资源的支撑，垄断不了市场与资源，但马云以独特的思维方式，发现机会，抓住机会，用最快的速度，率先把机会转化为财富，成为第一个吃螃蟹的人。1995 年，马云为帮一家企业追债来到美国，在美国第一次邂逅了互联网。回国后，他借了 5 万元，迅速行动，创办了“中国黄页”网站。尽管网站创办后几次上当受骗，但他始终坚信中国互联网时代即将到来。1997 年，马云带领团队来到北京，参加开发国家外贸部的官方站点和网上中国商品交易市场，经一年半，网上中国商品交易市场的净利润达到了 287 万元，他初步尝到了互联网的甜头。1999 年初，他又重返杭州，联合多位合作伙伴，以 50 万元人民币创建了阿里巴巴网站。2001 年，阿里巴巴推出“中国供应商”服务，向全球推荐中国优秀的出口企业和商品；推出“阿里巴巴推荐采购商”服务，与沃尔玛、通用电器等联盟，共同在网上进行跨国采购；借助互联网力量，向国际买家展示中国企业和为中国企业提供买家。凭着这样超凡的思维、这样惊人的速度，他完全引领了中国电子商务的市场。随着阿里巴巴突飞猛进的发展，其知名度和影响力不断扩大，不仅垄断了机会，甚至垄断了市场。

后来，当国人觉察到电子商务网站的威力的时候，阿里巴巴已经成为海内外知名的品牌企业。“阿里巴巴”，因为垄断机会，成就了超速发展；因为超速发展，成为了世界公众媒体聚焦的中心；因为国际聚焦，从而抢占了更多的“首位效应”。

在经济领域中，商家在对商品进行营销时，应该特别重视“首位效应”。比如，制造社会热门话题。在大中城市许多人都知道“光棍节”，但在某些地区了解这个节日的人还不多。某地的咖啡厅抓住了这个有利商机，抢先一步，先发制人，举办了一系列紧密联系“光棍节”的活动，在当地造成一定的轰动效应，一时间，“光棍节”和举办这些活动的咖啡店成为公众的焦点话题。大众对新出现在他们视野中的“光棍节”很感兴趣，并且在首次了解“光棍节”的消费者心目中，可以留下“某咖啡店让我知道光棍节”的印象和记忆，产生良好的社会效应和品牌传播价值。

【定律链接】网络链接中的“首位效应”和“末尾效应”

网络链接位置的影响，首先体现在信息卷入程度对位置的影响。所谓信息卷入程度，指人们在动机等因素的影响下产生的对信息的关注程度。当用两条相互矛盾的劝服性信息对受众进行测试时，有专家做实验发现，动机强烈的人受位置上处于第一条的信息的影响程度，明显要高于其受第二条信息的影响，这就是“首位效应”；但是，随着受众动机强度的下降，首位效应的影响也下降，甚至会出现“末尾效应”。在对互联网信息链接的选择上，就会出现相似的情况。如果网页上的信息内容跟受众的相关程度高，首位效应会比较明显；信息内容的相关程度低，末尾效应则会表现得更明显，如相同页面中一些对会议的报道，就显得没有那么明显的首位效应；在相关程度一般的情况下，首位效应和末尾效应均会出现。

其次，链接位置与点击行为的关系也十分明显地体现了“首位效应”和“末尾效应”。对于显示在同一屏幕上的一组信息来说，首位效应和末尾效应的作用十分显著。获得首位效应可能性最高的，一般是第一条信息，以此类推，接下来的信息获得首位效应的可能性就会相应减低。但是，到最后一条信息时，点击率大多能出现一个比较大的反弹，其点击可能性要远高于倒数第二条，甚至会高于倒数第三、四条信息。例如，澳大利亚有专家曾通过实验来对此进行分析，在满屏信息量为6条的情况下，发现人们对第一条信息的点击频率最高，为10.5%，点击率最低的是倒数第二条信息，为7.3%，但是最后一条信息的点击率则反弹至8.3%，超过倒数第三和第四的点击率。

我们都知道，链接是互联网最有代表性的一种传播方式，是互联网信息的领导，人们要通过点击链接才能看到特定的内容。因此链接的位置对浏览者的阅读倾向有非常重要的影响。所以，“首位效应”和“末尾效应”对网络媒体而言显得尤为重要。

吉芬反论：越是涨价，越是需求

【定律阐释】吉芬反论是指商品的需求量与价格成正向关系这样一种状况，当劣质商品价格的替代效应并不足以抵消收入效应时就会发生这样的情况。需求定律对经济学十分重要，因为它简单而拥有强大的解释力，且该定律约束价格与需求量的关系，可是，吉芬物品的出现，使需求定律出现了问题。价格下降，根据需求定律，需求量必然上升，可是由于吉芬物品的出现，需求量可能也会下降。这样，人们无法判断在价格下降的情况下，需求量是上升，还是下降。

天下究竟有没有“吉芬商品”

“吉芬商品”是经济学中的一个名词，它是指在其他因素不变的情况下，某种商品的价格如果上升，消费者对其需求量反而增加。

一些学者认为天下不存在“吉芬商品”，但也有不少人士认为存在“吉芬商品”或者“吉芬现象”。不过，后者大多在承认其存在的同时，也认为其并不违背需求定律。

那么，“吉芬商品”到底存不存在呢？这一直是经济学上没有解决的难题。如2001年华夏出版社出版的中译本《经济学的困惑与悖论》，就有专文讨论这个问题，但依然没有定论。在当前国内外的经济学教科书上，“吉芬商品”都是作为需求定律的例外存在的。

2001年以来，中国经济学界就需求定律（或需求法则）展开了一场争论，参战学者之多，讨论时间之长，影响范围之广，较为罕见。至今，这场争端并无结果。这些问题对于广大读者和经济学界人士而言，还是一头雾水。张五常等先生坚持认为，需求曲线必定向下，现实世界不存在“吉芬商品”；黄有光、汪丁丁等先生则认为存在向上倾斜的需求曲线，存在“吉芬商品”。

在西方传统经济学中，“吉芬商品”代表了一种特殊的经济现象，它揭示了与经济常态截然相反的价格变动规律。我们通过日常观察可以很容易了解到：当一种商品需求量上升时，价格必然随之下降，即商品价格和需求量是反方向变动的，这就是凯恩斯供求曲线所描述的经济规律。

19世纪的爱尔兰灾荒时期，英国经济学家罗伯特·吉芬观察到当土豆价格上涨时，人们消费了更多的土豆。这一特殊现象可用土豆价格变化时所发生的收入效应的程度来解释。土豆不仅是劣等品，而且在灾荒年代其消费占用了爱尔兰人收入的很大比例，因而土豆价格的上升大大减少了他们的实际收入，爱尔兰人被迫压缩其他奢侈食品的消费，以购买更多的土豆。马歇尔1895年在他的名著《经济学原理》第三版中提出了著名的吉芬反论（Giffen Paradox），指出了一种贫穷物品的价格下降，这下降的本身使该物品的需求量增加，但价格下降引起的实质收入增加，会使贫穷物品的需求量下降。二者相加，一正一负，需求量可能还会上升。然而，在逻辑上这一正一负也可能产生需求量下降的效果。这也就是说“吉芬商品”违背了我们所熟知的需求规律。事实上，不仅是土豆，所有需求和价格同方向变动的劣等品也都可以归结为“吉芬商品”。

需求现象与吉芬反论

经济学家马歇尔在进行一个讨论“需求定律”的讲座时，一位名叫吉芬的爵士向他提出如下的一个反论例子：他说面包是一种主要的食物，如果面包的价格大幅下降，消费者的购买力增加，反而多吃了肉类，少吃了面包，面包之价下降，但需求量却减少了。这一例子中的面包被称为“吉芬物品”，仿佛它推翻了“需求定律”。

我们来看下面这个小故事：

> 老师带一群小学生旅游登山，每人发给10元人民币，要求每个人自己购买2瓶饮料用于山上解渴。现山下小卖部只有2种饮料：一种是4元一瓶的矿泉水，另一种是7元一瓶的可乐，学生的购买行为既要满足2瓶饮料，又要符合不超出10元钱的“价值取向”，当然只能购买2瓶矿泉水。假如矿泉水现在降价到3元一瓶，可乐仍是7元一瓶，那有的学生就会矿泉水和可乐各买一瓶，于是矿泉水降价，需求量反而会减少。这里的矿泉水就成了“吉芬物品”。

但不能以为这就推翻了“需求定律”，因为“需求定律”在市场竞争的条件下才能发挥作用，而案例中的条件完全束缚了竞争，使得“需求定律”无用武之地。所谓“吉芬物品”实际上是满足人们基本生存需求的最低档次的物品，“吉芬物品”降价，导致消费者的购买力增加；消费者的购买力增加，导致“吉芬物品”的边际效用大幅下降，也就是低档商品价格的替代效应不足以抵消人们需求水平的变化，需求效应大于替代效应，使得降价了的“吉芬物品”的市价还是大于它的实际平均价值，所以减少了需求量。

在一般情况下，商品的价值变动必然影响其价格，但商品价格的波动并不影响它的价值，也就是不会影响到该商品对于人们的边际效用。比如感冒药品的价格波动一般不会影响到该药品的疗效及其在人们心中的地位。可是，在特定的条件下出现的“吉芬物品”，其价格的升降，使得其价值发生变化，因而使整条需求曲线发生变动。

我们都知道买东西并不是越便宜越好，最重要的是性能价格比。花 10 块钱买一个甜的西瓜，比起花 5 块钱买一个不甜的西瓜更“合算”。这种选择，大家都能很快决定。但是，如果遇到如下情况呢？同样是买西瓜，我们作为消费者对挑选比较甜的瓜并不内行，而瓜贩则十分清楚哪些瓜甜哪些瓜不甜。面对商家打出的“自选每斤 2 元，包甜每斤 3 元”的营销策略，我们是否又能作出正确的选择呢？相信有部分消费者宁愿付高价买包甜的西瓜。

【定律链接】城市住房的“吉芬商品现象”

2004 年以来，中国房价一路飙升，然而在房价上升的背后却隐藏着更深层次的问题及矛盾。自2004年以来，在房价不断上涨的同时，商品房需求量及交易量也不断上涨，即房价越涨，需求量也越大。对于人们打着雨伞挤在一起排队等待楼盘销售放号的不正常现象，已经有人质疑其合理性，或认为那是开发商采取的请“托”策略，但是大量出现这类现象的根源又是什么？

城市住房的确表现出了“吉芬商品”的众多特性。首先，特质商品的特殊性。比如，土豆在饥荒发生时成为人们生存需求的根本之物，具有不可替代的作用，成为人们追求的一种“必然”；经济繁荣时期的城市住房作为大件商品，是人们吃饱穿暖之后的另一种“必然”追求，二者的表现没有根本差别。

同时，人们受追高、从众、恐慌心理的制约。饥荒时人们预期土豆价格还会再涨，于是对土豆存在着饥渴性的追求，一系列的连锁反应构成了“吉芬商品现象”；而经济繁荣时期，无论房价怎样上涨，人们都在唯恐房价更高的心理支配下，一味追求住房的“拥有”，致使住房需求与“吉芬商品现象”相似。

这种看似明显违背经济学原理及市场需求规律的现象，其实正是经济学原理中的“吉芬现象”。

蛛网理论：跳不出的旋涡

【定律阐释】蛛网理论是一种动态均衡分析，它运用弹性理论来考察价格波动对下个周期产量的影响，以及由此产生的均衡变动。蛛网理论引入时间这一重要因素，从动态变化的角度来分析与考察需求和供给的变动，如果将变动情况用平面直角坐标系来描述，所得图像就类似蛛网。因此，英国经济学家卡尔多将这一理论形象地称为“蛛网理论”。

难以跳出的旋涡

一些经济学家用蛛网理论解释生猪和玉米的价格与产量的关系及其波动，提出了著名的“生猪—玉米循环”模型。

这个模型指出：因为玉米是生猪的主要饲料，生猪的价格会影响到玉米的价格；当玉米价格发生变动后，又会影响下一年玉米产量；玉米产量变动后，又会影响玉米价格；玉米价格的变动，进而影响生猪的价格；生猪的价格变动又影响生猪的产量等，直至趋向一个长期的均衡，即玉米和生猪的价格和产量相对稳定。

蛛网理论提出的目的，即从弹性的角度考察价格波动对下一周期产量的影响。

蛛网理论是某些商品的价格与产量变动相互影响，引起规律性的循环变动的理论。1930 年由美国的舒尔茨、荷兰的丁伯根和意大利的里奇各自独立提出。由于价格和产量的连续变动用图形表示犹如蛛网，1934 年英国的卡尔多将这种理论命名为蛛网理论。

蛛网理论是一种动态均衡分析理论。古典经济学理论认为，如果供给量和价格的均衡被打破，经过竞争，均衡状态会自动恢复。蛛网理论却证明，按照古典经济学静态下完全竞争的假设，均衡一旦被打破，经济系统并不一定自动恢复均衡。这种根据的假设是：

（1）完全竞争，每个生产者都认为当前的市场价格会继续下去，自己改变生产计划不会影响市场。

（2）价格由供给量决定，供给量由上期的市场价格决定。

（3）生产的商品不是耐用商品。

这些假设表明，蛛网理论主要用于分析农产品。

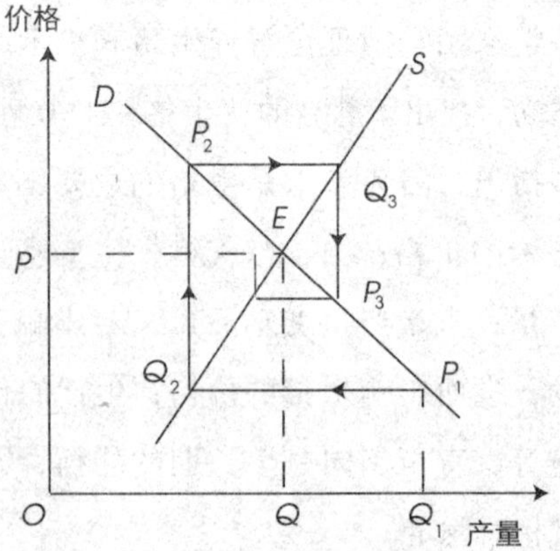

如上图所示，P、Q、D、S 分别是价格、产量、需求函数

和供给函数。根据上述模型，第一时期的价格 P_1 由供给量 Q_1 来决定，生产者按这个价格来决定他们在第二时期的产量 Q_2。Q_2 又决定了第二时期的价格 P_2。第三时期的产量 Q_3，由第二时期的价格 P_2 来决定，以此类推。由于需求弹性、供给弹性不同，价格和供给量的变化可分三种情况：

（1）当供给弹性小于需求弹性（即价格变动对供给量的影响小于对需求量的影响）时，价格和产量的波动将逐渐减弱，经济状态趋于均衡。

（2）当供给弹性大于需求弹性（即价格对供给量的影响大于对需求量的影响）时，波动逐步加剧，越来越远离均衡点，无法恢复均衡。

（3）当供给弹性等于需求弹性时，波动将一直循环下去，既不会远离均衡点，也不会恢复均衡。

从“蛛网”中走出去

根据蛛网理论，当供求决定价格，价格引导生产的时候，市场便会出现一种周期性波动。

某网络媒体曾报道一则消息：

> 2004 年冬天，大白菜取得了丰收。当时，河北固安的白菜收购价低到了 1 分钱一斤，许多白菜烂在地里没人管，甚至出现了用白菜喂羊、喂鹅的现象。那时，北京新发地大白菜的批发价是 7 分钱一斤，最低是 4 分钱一斤，创下了六七年以来的最低价。这样一来，许多农民都不敢种白菜了，产量的减少使得 2005 年的白菜价格一路飞涨。看到这种现象，农民在 2006 年又大量种植白菜，

结果，再次发生了白菜价格走低的情况。

可见，当某一产品在第一期的市场销售中供小于求时，价格就会上涨，于是人们在第二期就会增加产品产量；第二期产品产量的增加便会导致其价格下降；到了第三期，产品产量又会减少，从而再次引起了价格上涨，如此反复。

究其原因，这种现象是由于农业生产的周期性所导致的。由于农产品的储存时间通常都很短，使农民在进行市场交易时处于劣势。很多人认为，农民着急出售农产品，否则就会坏掉，所以对交易的要求比较迫切，收购商正是利用这种心理来压低价格。如果此时是处于供给量相对过剩的情况下，那么农民实现交易的要求便会更加迫切，价格也就会被压得更低。

再回到前面那个大白菜销售的例子，尽管 2006 年的价格远低于 2005 年，可是居民的消费需求并未随着白菜价格的下降而增加。价格下跌幅度大，需求又不能以相应的比例增加，这就使农民们难以通过“薄利多销”来增加或维持收入。出现这种现象，说明市场在调节经济方面存在着自发性与滞后性的内在缺陷。

专业人士指出，蛛网型波动给我们这样一个启示：不能让农民单独面向市场。那么，又应如何帮助农民从“蛛网”中走出去的呢？对此，我们不妨从西方农民的一些经历中寻找答案。

曾经，在美国种植柑橘的农民，因柑橘的生产具有周期性且需要一定的保存费用，所以每当柑橘歉收时就会非常高兴，但真正柑橘丰收时他们却烦恼了。

为了摆脱这种困境，他们终日冥思苦想，寻找出路。最后，有人提出组建一个农民与市场之间的中介组织，即新奇士协会。这个协会与之前的农业生产合作社不同，它是由农民自己组建的销售组织。

协会成立后，果农将柑橘卖给协会，并由协会去面对市场。协会由于控制了供给，在市场上也就有了发言权。当供大于求时，协会可以控制供给与价格，来减少农民损失。同时，它也为农民提供了许多有用的信息及实用的技术。不仅如此，协会还做了许多农民自己无法做到的事情。例如，组织产品出口，注册柑橘的“新奇士”商标，对产品进行储藏、加工、宣传及调节供给等。

这些做法稳定了供给，平衡了市场力量，从而使柑橘的价格有了保障。如此一来，农民种植柑橘的积极性自然得到了提高。同时，良好的销售业绩也保障了农民的收入和利益。

所以，要想让农民走出这种蛛网理论的局限，应当在农民和市场之间建立一个有效的中介组织。在欧洲，这类组织也叫合作社或者别的名称。我国的市场化程度和社会经济制度与欧美国家不同，这种中介组织所采用的形式和发挥的作用不完全一样，但也有共同特征。

第一，这种中介组织是农民自愿组织的。

第二，这种中介组织不是政府的下属或由政府间接掌控的二级机构。

第三，这种中介组织是非营利性的，利益最大化不是它的目标。当然，为了支付必要的开支，这种中介组织有时在经营中收取少量费用。

【定律链接】生猪市场的“蛛网理论”

2008 年上半年生猪价格的快速上涨与下半年的快速下跌形成了鲜明的对比。2008 年 4 月份生猪价格达到历史顶峰 17.16 元/公斤，之后的 7 个月生猪价格一路下跌，11 月初生猪出栏价格为 11.80 元/公斤，比 4 月份下跌了 45.4%，下跌速度之快实属历史罕见。

在这样的市场变化中，“蛛网”现象非常明显：当饲料价格低、生猪价格高时，各地农民一哄而上，希望赚取更多利润；而当饲料价格高、猪肉价格低时，各地农民争相抛售，甚至淘汰母猪，使生猪生产周期波动大且频繁，生猪生产不能在短期内得到恢复，给生猪养殖户造成严重的经济损失。

第三章

决策：像经济学家一样思考

机会成本：鱼和熊掌不能兼得

【定律阐释】机会成本指为了得到某种东西而放弃的另一样东西。我们在做一件事情上权衡利弊，然后作出最优选择，那个被放弃的选择，就是机会成本。

有选择就有机会成本

在阳光明媚的午后，你好不容易处理完公司的财务报告，想喝杯下午茶休息一下，你可能会考虑甜点选择豆沙糕还是巧克力薄饼。

“豆沙糕还是巧克力薄饼”类似于“鱼与熊掌”，这种选择实际上就是一种机会成本的考虑。

如果你喜欢吃豆沙糕，也喜欢吃巧克力薄饼，在两者之间选择时，接受豆沙糕的机会成本是放弃巧克力薄饼。如果吃豆沙糕的收益是5，那么吃巧克力薄饼的收益是10。这样，吃豆沙糕的经济利润是负的，所以你会选择吃巧克力薄饼而放弃豆沙糕。

值得注意的是，有些机会成本是可以用货币进行衡量的。比如，要在某块土地上发展养殖业，在建立养兔场还是养鸡场之间进行选择，由于二者只能选择其一，如果选择养兔就不能养鸡，那么养兔的机会成本就是放弃养鸡的收益。在这种情况下，人们可以根据对市场的预期大体计算出机会成本的数额，从而作出选择。但是有些机会成本是无法用货币来衡量的，它们涉及人们的情感、观念等。

机会成本广泛存在于生活当中。一个有着多种兴趣的人在上大学时，会面临选择专业的难题；辛苦了5天，到了双休日，是出去郊游还是在家看电视剧；面对同一时间的面试机会，选择一家单位就不能去另一家单位……对于个人而言，机会成本往往是我们作出一项决策时所放弃的东西，而且常常比我们预想中的还多。

人生面临的选择何其多，人们无时无刻不在进行选择。比如是继续工作还是先去吃饭，是在这家商店买衣服还是在那家商店买衣服，是买红色的衣服还是买黄色的衣服，心中有个秘密是告诉朋友还是不告诉朋友，如果告诉又告诉哪些朋友……这些选择在生活中很常见，不过似乎并不重大，所以大家轻松地作出了选择，也不会慎重考虑。

机会成本越高，选择越困难，因为在心底，我们不愿放弃任何有益的选择。但是，我们有时必须“二选一”，甚至是“三选一”，此时，机会成本的考量将显得尤为重要。

赌博，赢不来幸福

皮皮一家的好日子在男主人失业后终止了。因为赶上金融危机，公司裁员，皮皮的男主人不幸名列其中。下岗赋闲在家的男主人成天唉声叹气，但厄运还没有结束，因为少了主要的经济来源，他们还不起贷款，不得已之下，男主人和女主人决定搬出这所房子，去找一个更小更便宜的住所。

问题随之而来，既然要节省开支，便无法养狗了，于是他们将皮皮一家三口赶了出来。皮皮一家没有了住处，只得到处流浪。皮皮在一夜之间成了无家可归的流浪狗。

那段日子，皮皮总是吃了上顿没下顿，过着没着没落的日子。一天，正当皮皮饿着肚皮睡觉的时候，爸爸忽然很兴奋地走过来，嘴里叼着一大块排骨，闻到肉香，皮皮一跃而起。它一边咬下一大块肉，一边问爸爸："这肉是从哪来的?"

"赌博赢来的。"爸爸的话让皮皮吃了一惊。

"村头有赛狗的，每天一场，谁赢了，谁就能赢得一大块排骨。"皮皮的爸爸解释道。皮皮知道那样的赛狗，就是抽签决定两条狗，进入围场殴斗，决出胜负。

皮皮担忧地说："但是，爸爸，万一你被抽中和一条大狗比赛，你会输得很惨的。"

爸爸不以为然："放心，我已经找到规律了，只要我把自己的签放到最后，被抽中的对手总是弱小的狗。"

妈妈也表示了赞同："这倒是一个好办法，以后，我和皮皮就不用挨饿了。"

赌博中取得胜利的概率很小，这就好像经济学中常说的机会成本一样。纯粹的赌博是不存在理性上的投资收益的，只不过是数学里的离散游戏而已，是概率论和经济博弈论的

运用，每一次赌博的赢输概率都是一样的，这在概率论里称为“伯努利事件”。

赌博能赚到钱吗？看似非常简单的逻辑，许多人却常常身陷其中。典型的例子就是，赌徒在输钱后，总是想翻本。输掉的钱就是沉没成本，它不可能再收回来，新的“选择”是：是不是还要继续赌下一盘？再赌下一盘的收益风险是多少？这便是机会成本——我们作出一个选择后所丧失的，不作这个选择而可能获得的最大利益。

皮皮的爸爸将自己的签放到最底层，的确被抽中的概率不大，但却不是完全没有可能的。皮皮的爸爸和弱势的狗殴斗，每天可以领取一块排骨，这份利润的确可观。但如果一旦被抽中与强悍的狗殴斗，那它势必会落败，一天一块排骨的收益也就没有了，而且还有可能丧命。皮皮爸爸的这种行为便可以理解为机会成本。

经济学家们对此的理解便是皮皮的爸爸用自己的性命在做赌注，以赢取那一块排骨，这实际上是亏损的。果然，没过几天，皮皮担心的事就发生了。

那天和往常一样，爸爸又去赛狗，一直到晚上，它才一瘸一拐地回来了。皮皮一看就知道出事了，爸爸缓了好半天之后，才道出原委。原来那天它一去就被抽中，等它上台后，才发现对手又高又壮，是一条猎犬。

但已经上台了，皮皮爸爸只得硬着头皮打下去。很快，它被猎犬打得伤痕累累，在地上趴了好半天，才能挪着回来。

“爸爸，我早就说过，它会被大狗打得遍体鳞伤的。”

皮皮看着小狗满身伤痕，心疼地说道。

爸爸也叹气道："我以为他们不会将两张连在一起的号码抽出来，没想到他们还真这样做了。"

皮皮看到爸爸痛苦的样子想，以后做选择一定要慎重，这种赌徒的心态是要不得的。

可以毫不夸张地说，目前比较流行的六合彩、牌九、大小、麻将、24点、赌球、赌马等都不存在长期投资必然赢利的可能性，否则那些华尔街金融投资家早就进入了。因为这些赌博都不符合经济学的条件，所以妄图靠赌博来博取一夜暴富或者挣点零花钱，是不可取的。很多好赌者，包括故事中皮皮的爸爸，就是走入了这个误区，最后才伤得那么重。

赌博只是将机会成本在主观意识上放到最大，对于这种总是把成功寄希望于小概率事件的赌徒而言，失败之后的痛楚是他们无法承受的。

有时候，我们总是忽视对机会成本的计算，机会成本其实就是揭示了资源稀缺与选择多样化之间的关系。我们必须要作出选择，因为我们不能将所有资源都占到。所以，当我们只能选择一部分资源的时候，机会成本也便成了约束我们的概念。

【定律链接】用"机会成本"进行家庭理财

说得直白些，"机会成本"的思想，就是人们为了得到某种东西而放弃的东西的最大价值。在家庭理财的经济决策过程中，我们也应学会用机会成本来分析问题。

例如，今年你可能决定把家庭10万元的余钱投资到股市，并赚到了2000元的利润。你是否认为这次投资是正确的？答案是不一定。因为没有考虑到投资股票的机会成本。你本来可以把这10万元投资基金或者债券，甚至直接存到银行。投资股票的机会成本就是投资基金、债券或者银行赚到的利润。只有当你投资股票赚到的2000元利润大于其机会成本时，这一投资才是合算的。

我们在日常生活中经常要面临各种决策，在决策过程中要面临各种选择，在作出选择的同时就必然要考虑选择的机会成本，并比较各种机会成本的大小。只有选择方案的收益大于其机会成本，这个选择方案才是正确的。因此，机会成本对每个人来说都是一个很重要的因素，因为只有充分考虑机会成本，我们所作的决策才会更加英明。

沉没成本：难以割舍已经失去的，只会失去更多

【定律阐释】沉没成本指由于过去的决策已经发生的，而不能由现在或将来的任何决策改变的成本，如已经付出的时间、金钱、精力等。

别在“失去”上徘徊

阿根廷著名高尔夫球运动员罗伯特·德·温森在面对失去时，表现得非常令人钦佩。一次，温森赢得了一场球赛，拿到奖金支票后，他正准备驱车回俱乐部，就在这时，一名年轻女子走到他面前，悲痛地向温森表示自己的孩子不幸得了重病，因为无钱医治正面临死亡。温森二话没说，在支票上签上自己的名字，将它送给了年轻女子，并祝福她的孩子早日康复。

一周后，温森的朋友告诉温森，那个向他要钱的女子是个骗子。温森听后惊奇道：“你敢肯定根本没有一个孩子病得快要死了这回事？”朋友做了肯定的回答。温森长长出了一口气，微笑道：“这真是我一个星期以来听到的最好的消息。”

温森的支票，对于他而言是已经付出的不可回收的成本，他以博大的胸襟坦然面对自己的“失”，这是一种对待沉没成本的正确态度。

如果你预订了一张电影票，已经付了票款并且不能退票，但是看了一半之后觉得很不好看，你该怎么办？

这时有两种选择：忍受着看完或退场去做别的事情。

两种情况下你都已经付钱，所以不应该再考虑钱的事。当前要作的决定不是后悔买票了，而是决定是否继续看这部电影。因为票已经买了，后悔已经于事无补，所以应该以看免费电影的心态来决定是否再看下去。作为一个理性的人，选择把电影看完就意味着要继续受罪，而选择退场无疑是更明智的做法。

沉没成本从理性的角度来说是不应该影响我们决策的，因为不管你是不是继续看电影，你的钱已经花出去了。作为一个理性的决策者，你应该仅仅考虑将来要发生的成本（比如需要忍受的狂风暴雨）和收益（看电影所带来的满足和快乐）。

> 有一位先生，总是系着一条颜色很难看的领带。当他的朋友终于忍不住告诉他这条领带并不适合他时，他回答：“哎，其实我也觉得这条领带不是很适合我，可是没办法，花了500多块钱买的，总不能就扔在抽屉里睡大觉吧？那不是白白浪费了？”

这种情况十分普遍，人们在作决策时，往往不能割舍沉没成本，不少人还将整个人生陷入沉没成本的泥潭中无法自拔：毫无音乐细胞的人坚持把钢琴学下去，因为耗资不菲才买下钢琴，并且已经花不少钱报了钢琴班；两个性格不合的情侣早就没有了爱情和甜蜜，勉强在一起只因为已经在一起这么久了，为对方已经付出了那么多，怎么也耗到结婚吧……

其实，我们应该承认现实，把已经无法改变的“错误”视为昨天经营人生的坏账损失和沉没成本，以全新的面貌面对今天，这才是一种健康的、快乐的、向前看的人生态度，以这样的态度面对人生才能轻装上阵，才会有新的成功、新的人生和幸福。

忘记沉没成本，向前看

皮皮和爸爸最近住在一户人家的花园里。那家人很热情，9岁的儿子很喜欢狗，除了皮皮和爸爸，花园里还有一只可爱的小狼狗，主人常给小狼狗洗澡，带它晒太阳，皮皮看得出，这条小狼狗与这家人的感情很好。

但有一天，皮皮听到了一阵惨叫，它发现小狼狗被隔壁的大狗给咬死了。皮皮大叫，主人和他9岁的儿子赶紧出门，看到这幕惨剧，主人的儿子十分伤心，他拿着棍子就去打那条大狗。

主人却一把把他抱住：“既然我们的狼狗已经死了，就不要再伤害另外一条狗了。我相信，它也不是故意的。”

满脸泪痕的小孩被主人带进了屋，皮皮不满意了：“这个男主人真是冷血，自己的宠物被咬死了，也不报仇，就这样算了，真没感情。”

皮皮爸爸说：“反正都死了，就算把那条大狗杀死，这条小狼狗也是不可能复活的，这样的沉没成本何必让它再增加呢?”

皮皮摇头表示不明白。

皮皮爸爸接着启发他:“这就好比一盆水被泼在地上,你再努力也不可能把它收回来,所以不如放弃,这就是已经成为定局的沉没成本。”

皮皮似懂非懂。

覆水难收比喻一切都已成为定局,不能更改。在经济学中,我们引入“沉没成本”的概念,代指已经付出且不可收回的成本。就好比小狼狗被大狗咬死已经成为定局,如果再打死大狗,也无法挽回,却还要支付那家主人的赔偿,所以,此刻不能冲动。

当然,除了“冤枉钱”以外,沉没成本有时候只是商品价格的一部分。

这天,主人推着刚买不久的自行车去卖,下午他回来的时候,一脸不高兴。儿子上前问道:“爸爸,你怎么了?”

“我才买的车,还是新的呢,结果到了市场上,他们每个人的开价都是那么低,我真是亏死了。”主人一肚子怨气。

“不要生气了,如果你不卖,过几天价格会更低的。”儿子安慰他。

爸爸对皮皮说:“其实这也是一种沉没成本的表现。”

故事中,主人买了一辆自行车,骑了几天后低价在二手市场卖出,此时原价和他的卖出价间的差价就是沉没成本。在这种情况下,沉没成本随时间而改变,那辆自行车骑的时间越长，一般来说卖出的价会越低，这是不可避免的。当一项已经发生的投入无论如何也无法收回时，这种投入就变成了沉没成本。

每一次选择，我们都要付出行动，每一次行动，我们都要投入。不管我们前期所做的投入能不能收回，是否有价值，在作出下一个选择时，我们不可避免地会考虑到这些。最终，前期的投入就像坚固的铁链一样，把我们牢牢锁在原来的道路上，使我们无法作出新的选择，而且投入越大，我们便被锁得越结实。可以说，沉没成本是路径依赖现象产生的一个主要原因。

总之，对于沉没成本不需要计较太多，就好像覆水难收，过去的就让他过去吧。这其实也是一种乐观主义精神，只要坚持下去，任何事情都会有回报的。朝前看，不回头，这样才正确。

【定律链接】换个角度想一想，“失去”也是好事情

既然沉没成本被视为“成本”的一种，那都是可能带来收益的，或许它的收益不是“种瓜得瓜，种豆得豆”这样显而易见的，但绕个弯想想，当你遭遇某一不幸的时候，或许恰恰避免了更大的不幸。

一次，印度的“圣雄”甘地乘坐火车出行，当他刚刚踏上车门时，火车正好启动，他的一只鞋子不慎掉到了车门外。就在这时，甘地麻利地脱下了另一只鞋子，朝第一只鞋子的方向扔去。有人奇怪地问他为什么，甘地道：“如果一个穷人正好从铁路旁经过，他就可以拾到一双鞋，这或许对他是个收获。”

无论是甘地的鞋子还是前面温森的支票，对于他们而言都如同泼出去的水，但他们都以豁达的胸襟坦然面对自己的“失”，不仅丝毫不计较沉没成本给自己带来的损失，甚至看到了其背后的收益——给穷人留下了一双鞋。

任何事情的出现都只可能有两种结果，一种是好的，一种是坏的，各占 50% 的概率，万事万物都是如此。我们不妨也以这样的角度来看待沉没成本。

有一个故事说，两个旅行中的天使到一个非常贫穷的农家借宿。夫妇俩对他们非常热情，把仅有的一点食物拿出来款待客人，并且让出自己的床铺给天使睡。第二天一早，天使醒后发现农夫和他的妻子在哭泣，他们唯一的生活来源——一头奶牛死了。

这时，年轻一些的天使非常愤怒，质问老天使为什么对如此善良的家庭，却没有动用一点法力来阻止奶牛的死亡。

老天使说，不发生不幸的另一种可能为什么一定就是幸运呢？为什么不可能是更大的不幸呢？——昨天晚上，死神来召唤农夫的妻子，我让奶牛代替了她。

“塞翁失马，焉知非福”的典故众人皆知，骑马摔断了腿本是件坏事，却因此免于征战保全了性命，这就是沉没成本显而易见的收益。可见，所有的事情都不能片面地单看事情本身，“祸兮福之所倚，福兮祸之所伏”，这不仅是耳熟能详的古训，更是很多人生活经历的真实感受。因此，当生活中发生不幸的沉没成本时，我们不妨将它也看作是一种特殊的投资，或许我们会从另一个方面有所收获。

棘轮效应：由俭入奢易，由奢入俭难

【定律阐释】棘轮效应，又称制轮作用，是指消费者容易随着收入的提高增加消费，但不容易因为收入降低而减少消费。尤其是在短期内消费是不可逆的，其习惯效应较大。这种习惯效应，使消费取决于相对收入，即相对于自己过去的高峰收入。

由俭入奢易，由奢入俭难

商朝时，纣王登位之初，天下人都认为在这位英明国君的治理下，商朝的江山会坚如磐石。有一天，纣王命人用象牙做了一双筷子，并十分高兴地使用这双象牙筷子就餐。他的叔叔箕子见了，劝他收藏起来，而纣王却满不在乎，满朝文武大臣也不以为意，认为这本来是一件很平常的小事。箕子为此忧心忡忡，有的大臣问他原因，箕子回答："纣王用象牙做筷子，就不会用土制的瓦罐盛汤装饭，肯定要改用犀牛角做成的杯子和美玉制成的饭碗，有了象牙筷、犀牛杯和美玉碗，难道还会用它来吃粗茶淡饭和豆子煮的汤吗？大王的餐桌从此顿顿都要摆上美酒佳肴了。吃的是美酒佳肴，穿的自然要绫罗绸缎，住的就要求富丽堂皇，还要大兴土木筑起楼台亭阁以便取乐了。对于这样的后果我觉得不寒而栗。”仅仅5年时间，箕子的预言果然应验了，商纣王恣意骄奢，商朝灭亡了。

在这则故事中，箕子对纣王使用象牙筷子的评价，就反映了现代经济学消费效应——棘轮效应。

棘轮效应，又称制轮作用，是指人的消费习惯形成之后具有不可逆性，即易于向上调整而难于向下调整，尤其是在短期内消费是不可逆的，其习惯效应较大。这种习惯效应使消费取决于相对收入，即相对于自己过去的高峰收入。实际上棘轮效应可以用宋代政治家和文学家司马光的一句名言概括：“由俭入奢易，由奢入俭难。”

在子女教育方面，因为深知消费的不可逆性，所以明智的家长会注重防止棘轮效应。如今，一些成功的企业家虽然十分富有，仍对自己的子女要求严格，从来不给孩子过多的零用钱，甚至在寒暑假期间还要求孩子外出打工。他们这么做的目的并不是为了让孩子多赚钱，而是为了教育他们要懂得每分钱都来之不易，懂得俭朴与自立。这一点在比尔·盖茨身上体现得十分明显。

微软公司的创始人比尔·盖茨是世界上赫赫有名的富豪，个人资产总额达460亿美元。但是他在接受媒体采访时却说，要把自己的巨额遗产返还给社会，用于慈善事业，只给3个女儿几百万美元。比尔·盖茨没有自己的私人司机，公务旅行不坐飞机头等舱而坐经济舱，衣着也不讲究什么名牌。更让人不可思议的是，他对打折商品感兴趣，不愿为泊车多花几美元。

有一次，比尔·盖茨和一位朋友同车前往希尔顿饭店开会，由于去晚了，以致找不到停车位。朋友建议把车停在饭店的贵客车位，盖茨不同意。他的朋友说“车费我来付”，盖茨还是不同意。原因很简单，贵客车位要多付12美元停车费，盖茨认为那是“超值收费”。

棘轮效应是出于人的一种本性，人生而有欲，“饥而欲食，寒而欲暖”，这是人与生俱来的欲望。人有了欲望就会千方百计地寻求满足。但是，消费要结合自身情况，不要养成奢侈的消费习惯。哪怕只是几元钱甚至几分钱，也要让其发挥最大的效益，养成良好的消费习惯。

聚沙成塔，滴水成河——存钱是一种习惯

梁家芝是一个电视台的普通文字记者，她每月的月薪是3.5万元台币，扣掉各种开销，她一点点地积攒，在不到4年的时间存了70万元台币，圆了自己出国读硕士的梦想。

刚刚参加工作的梁家芝，遇到了大多数新人都会遇到的工作瓶颈，总是觉得无力突破。为了自己的前途，她觉得需要进一步学习和进修，可是又不想向父母或银行借钱，因此，她就萌生出了要靠储蓄积攒出这笔费用的想法。

每天，她的食宿花销都非常节省，也从来不买光鲜

亮丽的名牌服饰。她觉得与其把钱花掉，还不如握在手中。只要一有零钱，她就积攒起来。于是，她账户上的钱越来越多，她也离自己的梦想越来越近。

有一天，当她的朋友跟她开玩笑说："家芝，你存了多少钱了啊？是不是成了小富婆啦？"她才注意到，自己已经存够了出国留学的钱。

很多人都有留学的梦想，但是他们可能因为种种理由而凑不到钱，从而不得不放弃。看了梁家芝的故事，你还会觉得留学是件难事么？尽管是一点点地积累，一分分地节俭，可她还是存够了钱，圆了自己的梦想。

在开始存钱前，你也许会说："我知道我应该为将来存些钱。但每个月末，我都余不下多少工资。那么我该怎样开始呢？"这里给你的建议是，每月初在你试图花钱以前，存一些钱到储蓄账户里。

存钱纯粹是习惯的问题。人经由习惯的法则，塑造了自己的个性。任何行为在重复做过多次之后，就会变成一种习惯，人的意志也只不过是从我们的日常习惯中成长出来的一种推动力量。

一种习惯一旦在脑中形成之后，就会自动驱使一个人采取行动。在存钱方面，你不必一开始就存很多钱，即使一周存100元或200元也比不存强，因为它是养成存钱习惯的方法之一。

其实要养成存钱的习惯并不像想象中的那么难。每晚把所有你从饭店、超市和其他地方得来的零钱放入储蓄罐，几个星期后，你就会为你所有的可以存入储蓄账户的钱而感到惊讶。

养成储蓄的习惯，并不表示限制你的理财能力。正好相反，你在养成了这种习惯后，不仅可以把你所赚的钱有系统地保存下来，而且也增强了你的观察力、自信心、想象力、进取心及领导才能，真正增强你的理财能力。

【定律链接】新节俭主义

泼留希金是俄国文学家果戈理的名著《死魂灵》中的著名人物。他是个富有的地主，有上千个农奴，他的仓库里有堆积如山的麦子、麦粉，库房里也充斥着呢绒和麻布、羊皮、干鱼以及各种蔬菜、果子。

可是他生活极端吝啬，过着像叫花子一样的生活。他穿得很破旧，吃得也很坏。当他在路上走着的时候，看到一块旧鞋底、一片破布或一个铁钉都要拾回家。

他的住室，如果不是桌子上的一顶破旧睡帽作证，谁也不会相信这房子里住着活人。他的屋子里放着“一个装些红色液体，内浮三个苍蝇，上盖一张信纸的酒杯……一把发黄的牙刷，大约还在法国人攻入莫斯科之前，它的主人曾经刷过牙的”。

泼留希金对自己如此吝啬，对他人更是可想而知。女儿成婚，他只送一样礼物——诅咒；儿子从部队来信讨钱做衣服也碰了一鼻子灰，除了送他一些诅咒外，从此与儿子不再相见，而且连他的死活也毫不在意。

泼留希金已经不大明白自己有些什么了，然而他还不满足，每天仍在聚敛财富。他走过的路，就用不着打扫，甚至他还会去偷别人的东西……

泼留希金是俄国文学史上吝啬鬼的代表人物，在当今社会，也出现了这样一群“吝啬鬼”：他们精打细算，本可以过更好的生活，却处处“斤斤计较”，绝不乱花一分钱。一些人不理解，将他们称为新时代的吝啬鬼或新时代的泼留希金。

不过，他们的“吝啬”不是泼留希金式的盲目守财，而是尽量减少不必要的开支。其实，他们秉承的是一种新的生活方式——新吝啬主义。

新吝啬主义又称为新节俭主义，表现为一切以需要为目的购买，绝不盲目追逐品牌和附庸风雅。作为一种成熟的消费观念，其诞生是人们的消费观发展的必然结果。

在商品匮乏的年代，人们总认为“贵的就是好的”“钱是衡量一切的标准”。但随着商品经济的不断繁荣，一部分人开始觉醒并有意识地寻找自己真正需要的东西，在这个过程中，消费观念不断与现实生活进行碰撞磨合，最终真正走向了成熟。

越来越多的人加入了新版“泼留希金”的阵营，和“月光族”相比，他们是一群真正精明、智慧、对自己负责的消费者。他们拥有稳定持久的消费能力，收放自如地支配着自己的收入，让有限的金钱最大限度地满足自己的各种需要，他们的存在和不断增多，将颠覆传统的消费理念，使人们不再过分重视商品所体现的外在价值甚至是身份的象征意义，而更加珍视自身的感受和满意度。

在新的形势下，新节俭主义更应该成为一种时尚。我们应尽量减少和避免在喧哗和浮躁中浪费时间和金钱，紧随新版“泼留希金”们的步伐，过一种简单本真的有品质生活。

长尾理论：今天的“冷门”将是明天的“热门”

【定律阐释】长尾理论是指不热销的东西积少成多，会产生非常高的价值，占据的市场份额等同甚至超过那些热销的商品。

今日小需求，成就明日大产业

Rhapsody是一个记录音乐商，他将每个月的统计数据记录下来，并绘成图，结果发现该公司和其他任何唱片店一样，都有相同的符合“幂指数”形式的需求曲线——一条由左上陡降至右下的倾斜曲线。左边的短头部分，表示人们对排行榜前列的曲目有巨大的需求；右边的长尾部分，表示的是不太流行的曲目；短头代表传统的大规模生产，长尾代表新兴的小批量定制。最有趣的事情是深入挖掘排名在4万名以后的歌曲，而这个数字正是普通唱片店的流动库存量（最终会被销售出去的唱片的数量）。

Rhapsody同时发现，尽管沃尔玛的那些排名4万名以后的唱片的销量几乎为零，但在网上，这部分需求源源不断。不仅位于排行榜前10万的每个曲目每个月都至少会被点播一次，而且前20万、30万、40万的曲子也是这样。只要Rhapsody在它的歌曲库中增加曲子，就会有听众点播这些新歌曲。尽管每个月只有少数几个人点播它们，而且还分布在世界上不同的国家，但因为在网络世界经营40万首曲子的成本与经营4万首曲子的成本相差无几，所以把得自4万首曲子以外的利润加起来，就会赢得一个世界。

这就是当前风靡全球的长尾理论。

长尾理论是由美国人克里斯·安德森提出的，他认为，由于成本和效率的因素，过去人们只能关注重要的人或重要的事，如果用正态分布曲线来描绘这些人或事，人们只能关注曲线的“头部”，而将处于曲线“尾部”、需要更多精力和成本才能关注到的大多数人或事忽略。

简单地说，所谓长尾理论是指，当商品存储流通展示的场地、渠道足够宽广，商品生产成本急剧下降以至于数人就可以进行生产，并且商品的销售成本急剧降低时，几乎以前类似需求极低的产品，只要有人卖，就会有人买，我们只要抓住了这个长尾，便可以将自己的成功最大化。例如，某著名网站是世界上最大的网络广告商，它没有一个大客户，收入完全来自被其他广告商忽略的中小企业。

发挥“长尾”效益，站在少数人群里

如果你留意，便会发现：在销售产品时，厂商关注的是VIP客户，无暇顾及在人数上占大多数的普通消费者。在网络时代，由于关注的成本大大降低，人们有可能以很低的成本关注正态分布曲线的“尾部”，关注“尾部”产生的总体效益甚至会超过“头部”。

安德森指出，网络时代是关注“长尾”、发挥“长尾”效益的时代。长尾理论描述了这样一个新的时代：一个小数乘以一个非常大的数字等于一个大数，许许多多小市场聚合在一起就成了一个大市场。

要使长尾理论更有效，应该尽量增大尾巴，也就是降低门槛，制造更多的小额消费者。不同于传统商业的拿大单、传统互联网企业的会员费，互联网营销应该把注意力放在把蛋糕做大上，通过鼓励用户尝试，将众多可以忽略不计的零散流量，汇集成巨大的商业价值。

在对目标客户的选择上，阿里巴巴总裁马云独辟蹊径，事实证明，马云发现了真正的“宝藏”。

马云与中小网站有不解之缘，据说这与他自己的亲身经历有关。当年，竞争对手想要把淘宝网扼杀在“摇篮”中，于是同各大门户网站都签了排他性协议，导致几乎没有一个稍具规模的网站愿意展示有关淘宝网的广告。无奈之下，马云团队找到了中小网站，最终让多数中小网站都挂上了淘宝网的广告。此后，淘宝网红了，成为中国首屈一指的 C2C 商业网站。马云因此对中小网站充满感激，试图挖掘更多与之合作的机会，结果让他找到了重要的商机。

在中国所有的网站中，中小网站在数量上所占比重远远超过大型门户网站，尽管前者单个的流量不如后者，但它的总体流量却相当庞大。而且，中小网站由于过去一直缺乏把自己的流量变现的能力，因此，其广告位的收费比较低，这恰好符合中小企业广告主的需求。过去，一个网络广告如果想要制造声势，只能投放在门户网站上，高昂的收费令中小企业很难承受，如今，却似乎出现了一个新的选择。

以中小企业为目标客户的阿里巴巴获得了成功，这其实就是马云利用"长尾理论"所获得的成绩。在日常经济生活中，有一些颇有趣味的商业现象也可以用长尾理论来解释。如在网上书店亚马逊的销量中，畅销书的销量并没有占据所谓的80%，而非畅销书却由于数量上的积少成多，而占据了销量的一半以上。

但是，在实际经营过程中，"长尾理论"并不一定能取得良好的成效。因此，在运用长尾理论为自己服务时，不能抱太高的期望。

【定律链接】长尾理论的实践

关于长尾理论的实践应用，我们不妨通过两个案例来进行理解。

案例一：

有人在淘宝上开了一家卖服装的网店。店里上架了大约几十款女装，但他没有库存，他的存货都依靠上级代理商直接发给客户，每件衣服加15元就卖。结果他竟然依靠这种方法卖出了很多件。这个例子说明在市场上运用长尾理论时，应该满足3个条件：

第一要有足够的供货商，第二要有足够的人力，第三就是较低的市场售价。

网络带来的一个好处就是我们可以有无限长的货架（这也是长尾理论的一个重要基石）。利用这点以及上面的3个并不算难做到的条件，完全可以在淘宝上出售数百种商品——这比一个中型超市的规模还大。

案例二：

上网的时候，我们如果搜索某一个事物，发现关键词结果都会指向一个网站。点进去一看，这个网站似乎无所不包，但奇怪的是，这个网站没有任何导航页面，有的只是内容的大集合。这个网站利用网络爬虫，把很多网络上的内容搜集到了他的网站上。于是，这个网站就等于提供了大多数的关键词，从而形成了一个关键词的长尾。后来这种做法催生了一种网站模式，这种网站利用网络爬虫程序（现在叫小偷程序），搜罗内容，吸引流量，赚取广告费。到后来，又出现了可以搜集某个特定网站内容的网站，比如搜罗CSDN或者百度知道等。

第四章

信息："不懂信息，赶不上行市"

蝴蝶效应：用“微小”信息成就高营业额

【定律阐释】蝴蝶效应，是一种混沌现象，指在一个动力系统中，初始条件下微小的变化能带动整个系统的长期巨大的连锁反应。

营销要抓住引发风暴的信息“蝴蝶”

1972 年，美国气象学家爱德华·洛伦兹在华盛顿的美国科学发展学会上发表一篇演说，大意为：一只亚马逊河流域热带雨林中的蝴蝶，偶尔扇动几下翅膀，两周后，可能在美国得克萨斯州引起一场龙卷风。因为蝴蝶翅膀的扇动，导致其身边的空气系统发生变化，引起微弱气流的产生；而微弱气流的产生，又会引起它四周空气或其他系统产生相应的变化，由此引起连锁反应，最终导致天气系统的巨大变化。

故事中的规律，在销售活动中同样存在。曾经，人们一直认为，营销者的水平层次越高就越需要抓大放小，要把精力放在做大事和要事上，不做琐屑的杂务，以高效利用时间。然而，蝴蝶效应却告诉我们：小事情一样可以导致大后果，小变化可能会引起大变化。就市场营销而言，若能合理利用蝴蝶效应，往往会起到“四两拨千斤”的作用。

据《第一财经日报》报道：2009 年 5 月，三星电子与百思买在中国正式签订了协同补货（CPFR）协议。

根据该协议，三星电子与百思买在供应链上共同管理采购预测与库存，共享客户信息，而三星的市场部将通过汇总的销售信息分析出大致的研发方向，如用户在最近半年或者一个季度喜欢什么样的手机等。

到目前为止，三星电子已经与北美和欧洲的 38 家零售流通渠道进行 CPFR 合作。从 2004 年合作开始，三星电子销售额增长 400%，物流库存减少 64%，订单的正确率提高至 93%，提前备货周期从 2005 年的 11 周缩减至 2008 年的 4 周。

在三星看来，如果高速信息流最后不能汇总到设计和专利上，那么这些信息并没有被充分利用。外部的信息获取要配合内部的积极“做功”。

信息反馈的高速战略使三星公司从缩短产品周期中获益。另外，三星还实行 B2B 和 B2C 两个市场并行，不仅生产成品还生产成品的部件，加上市场信息反馈的配合，这使得三星实现了产品多样化、大规模化和成本领导权。

三星还成立了中国经济研究院，分析的内容从家电到房地产，再到中国宏观经济。阅读该研究院的报告，读者就可以发现，三星搜集了大量第三方数据，从调研机构易观国际，到中国经济统计数据，数据量庞大。

在三星内部人士看来，这种分析对三星内部很有帮助，如中国的房地产情况就对家电销售有影响，而经济的涨落也涉及高端手机的消费心理。三星中国研究院还可对外出售报告产生收入。

故事中，三星巧妙地利用了信息的“蝴蝶效应”，使自己的营销越做越成功。

营销界名人熊兴平在《蝴蝶效应与市场营销——寻找引发销售风暴的那只蝴蝶》中曾指出：要引起一场销售的龙卷风，关键是寻找到在临界点附近那只扇动翅膀的蝴蝶。

第一，让产品成为蝴蝶。利用消费者购买行为的非线性，通过逐渐累积比竞争对手领先 1% 的优势（微弱优势），在正反馈的自我增加机制作用下，到达终点时便会领先 100%，最终打败势均力敌的对手。

第二，让消费者成为蝴蝶。利用口碑营销的病毒式传播原理，找到一位消费者意见领袖（如种植大户、科技示范户），让他成为引发产品销售龙卷风的那只蝴蝶。

第三，让经销商成为蝴蝶。对经销商采取表扬与批评交替结合的办法，通过奖惩激励，逐步把经销商引入混沌理论的蝴蝶模型中，最后让经销商“化蝶”引发风暴。

第四，让员工成为蝴蝶。企业员工在不同的条件下会产生天壤之别的销售业绩，若加以引导和激励，企业将呈现积极向上的竞争气氛，员工也可能成为销售竞赛中的那些蝴蝶。

第五，让企业自己成为蝴蝶。企业营销战略是既定战略（领导制定、自上而下）与随机战略（市场引导、自下而上）相结合的混沌战略，企业自己也能进入混沌模型中而成为那只蝴蝶，如果反馈不当，就可能在一夜之间轰然倒闭；反之，企业就可能成为一夜之间崛起的黑马。

总之，营销中要充分抓住能够引发销售风暴的那只“蝴蝶”。

避免忽略缺陷造成的恶果

根据蝴蝶效应，在企业经营中，若发现公司有不合理的现象，要立刻设法改正，否则，管理上的漏洞很快就会表现在产品和服务上。所以，不要因为产品有毛病就讳而不宣，等到消费者发觉时，很可能会损害公司的名誉、信用。

有着百年辉煌历史的爱立信曾经与诺基亚、摩托罗拉并列称雄于世界移动通讯业。但自1998年开始的3年里，当世界蜂窝电话业务高速增长时，爱立信的蜂窝电话市场份额却从18%迅速降至5%，即使在中国市场，其份额也从1/3左右迅速地滑到了2%。爱立信从手机销售头把交椅跌落，不但退出了销售三甲，而且还排在了新军三星、飞利浦之后。

为什么爱立信在中国这块风水宝地上失去了它往日的辉煌呢？

2001年，爱立信的一款型号为T28的手机存在质量问题。这本来就是一种错误，但更大的错误是爱立信漠视这一错误。

“我的爱立信手机的送话器坏了，去爱立信的维修部门，很长时间都没有解决问题，最后，他们告诉我是主板坏了，要花700块钱换主板，而我在个体维修部那里，只花25元就解决了问题。”一位消费者明确说出了爱立信存在的问题。那时，几乎所有媒体都注意到了T28的问题，似乎只有爱立信没有注意到。爱立信一再地辩解自己的手机没有问题，而是一些别有用心的人在背后捣鬼。

然而，市场不会去探究事情的真相，也不给爱立信以“申冤”的机会，无情地疏远了它。

其实，信奉“亡羊补牢”观念的中国消费者已经给了爱立信一次机会，只不过，爱立信没能好好把握。

1998 年，《广州青年报》从 8 月 21 日起连续三次报道了爱立信手机在中国市场上的质量和服务问题，引发了消费者以及知名人士对爱立信的大规模批评，而且爱立信的 768、788C 以及当时大做广告的 SH888，居然没有取得入网证就开始在中国大量销售。当时，轻易不表态的电信管理部门的声明，证实了此事。至此，爱立信手机存在的问题浮出了水面。但爱立信采取掩耳盗铃的方式来解决问题，甚至试图拿钱来封媒体的嘴。爱立信广州办事处主任还心虚嘴硬地狡辩：我们的手机没有问题！

既然选择拒不认错，爱立信自然不会去解决问题，更不会切实去做服务工作。正是这一系列的质量和服务中的缺陷，使爱立信失去了中国市场。同时，也让我们明白，即使是一个由数以百万计的个人行动所构成的公司，同样经不起其中微小行动的偏离。

【定律链接】单双号限行的“蝴蝶效应”

某一天，家住北京的董明一反常态地起了个大早，因为今天他要挤公交上班。这对习惯于开车上班的他来说颇有些新鲜，但没有办法，自从单双号限行开始实施以后，董明的汽车便只能轮班休息了。这些并不重要，重要的是，他作为北京市民，应积极响应政府的单双号限行政策。

在北京举办奥运会期间，政府决定单双号限行，即从2008年7月20日起，北京正式开始实行为期2个月的限行政策。试行之后，北京又正式开始实行汽车的限行措施，之后，不少省市也纷纷效仿北京的做法，希望通过单双号限行来改善交通拥堵状况。但是，效果似乎并没有预期的好，到了上下班的高峰期，堵车的情况依旧如故。

董明也发现了这点，他本以为乘坐公交车只需半个小时就可以到达单位，但没有料到，在一条路上堵了40分钟，公交车依然没有前行的意思，这让董明心急如焚。眼看上班的时间就要到了，他还在半路上，下也下不去车，走也走不了。

为什么限行之后，依然堵得厉害呢？董明的苦恼也是许多人的苦恼。他听到车上几个人在讨论堵车的事情。

“我这个月都是第二回迟到了，每次都是在这条路上堵着下不去。”一个年轻小伙子抱怨道。

一个老大爷不急不慌地说：“急啥，过了高峰期就能走动了。”

“那我们也都迟到了，这个月的奖金又没了。”小伙子沮丧地说。

董明忍不住插嘴道：“以前开车堵，现在限行了，我们坐公交车也这么堵车，真不知道以后是不是该跑步去上班。”

老大爷笑着说：“其实，单双号限行只是一时限制了汽车的数量，短期内人们有可能会看到汽车流量减少，但时间长了，反而会刺激汽车的消费和使用。”

看到董明一脸迷茫，老大爷接着说：“举个例子，之前车辆增加，是因社会的进步和人们收入的增加。倘若长期实行单双号限行，随着人们收入的不断增加，有车族完全可以再买第二辆车，这样，遇到限行也不必担心会影响开车出门。即便是现在，很多家庭也拥有两辆车，但一般只开一辆。结果一限行，两辆车换着开，限行对他们并没有影响。看来，限行政策还是没能解决问题。”

根据经济学的理论，某种产品在需求一定的情况下，应当是使用率越高越好。同理，汽车也应如此，否则就是社会资源的浪费。

单双号限行政策阻碍了汽车的使用。而且短期的社会成效不能改变和降低整个社会总的用车需求，只会降低每一辆车的使用效率。

从经济学的角度来看，单双号限行这种措施并没有预想中那么完美。北京市后来又出台了限号政策，在一定程度上改善了拥堵问题。日后，还会有更科学的办法出台，提高道路和车辆的使用效率。

逆向选择：非对称信息下的次优决策

【定律阐释】逆向选择指在信息不对称的前提下，交易中的卖方往往故意隐瞒某种真实信息，使得买方最后的选择并非最有利于买方，这时候买方的选择就叫作逆向选择。

信息太少，逆向选择

在生活中，有些人常常会因虚假广告上当受骗，蒙受损失，这便是由逆向选择造成的。下面我们就从"减肥广告"这个具体案例中了解究竟什么是逆向选择，以及逆向选择是怎样作出的。

减肥广告随处可见，什么"一个半月能减 48 斤""快速减肥""签约减肥""不反弹不松弛"……单从这些字眼来看，那些渴望瘦身的人士无疑会心动。再加上那些华丽的包装、煽情的语言，还有一些不为人知的噱头，更让人心驰神往。但是，等你尝试之后就会发现，根本不是那么回事。

商家正是利用消费者对减肥原理、减肥器械、无效退款等不了解或了解不深的情况，故意隐瞒一些真实信息，将买卖双方置于信息不对称的情境下，以此诱惑消费者作出对他们并非最有利的逆向选择，损害消费者的利益。

因为虚假广告上当，从表面看是因为受害者目光不够准确，一时冲动花钱当了冤大头，但是以信息经济学的眼光看，则是由于受害者掌握的信息不够充分，只能根据手头仅有的信息作出选择。消费者总是希望买到质优价廉的商品，但是现实生活中常常出现等到真正使用时才发现质量糟糕的状况，这就是因为他当初购买该商品时掌握的信息少、处于劣势，不能发现真相。

日常生活中，逆向选择的案例还有很多。逆向选择在招聘中也是经常发生的现象，很多人找不到合适的工作，而单位又慨叹招不到合适的人才。这一反差正是逆向选择在起作用。很多企业总是发愁，一个个求职者的简历五花八门，好不容易筛选出一份简历来，面试过关了，等到工作时，却没有实际能力，给企业造成浪费和损失。尤其是高层次人才，讲起话来滔滔不绝，使听者觉得他见多识广，经验也好像非常丰富，可是一旦开始工作，总是漏洞百出。这是因为招聘方与应聘方的信息不对称所致，招聘方并不了解应聘方的全部信息而产生了逆向选择。

爱情中的逆向选择时常表现为好女子总是嫁了条件比较差的男子，有句俗话“好汉无好妻，懒汉娶个花枝女”，说的就是这个意思。在大学校园里，我们也经常慨叹，一对对恋人往往是那么不协调。这种结果就是逆向选择造成的。但每个人在选择自己的另一半时可不是这样，我们总是希望找到理想中的好对象，也总是喜欢把自己的优势表现得完美，以引起好女子或好男子的青睐。通常我们看到的征婚广告，都是这么介绍自己的："年轻美貌，身体健康，爱好广泛，对爱情执著，对缘分珍惜。"

爱情本身也是一场交易，男女双方各取所需的一场交易。在当代信息社会里，如何才能实现一宗公平的交易呢？首先需要双方的诚信，需要双方都拥有足够的共同信息，互通有无，彼此了解。在信息大爆炸的时代，假信息实在太多了，只有所获的信息是真实可靠的，买卖双方的最终决策才可能是最好的"抉择"。

但是很多情况下，卖方知道的信息内容，买方不一定知道，而买方的价格底线，卖方也不知道。甚至，卖方有时候为牟取暴利，故意隐瞒某种对自己不利的信息，由于信息不对称，买方无法排除干扰，作出逆向选择，利益受到损害。在爱情婚姻市场上，当你是卖家的时候，你一定会刻意隐瞒一些对自己不利的信息，只把那些最出彩的精华部分提供给对方。因为爱情的市场经济也是契约经济，契约经济讲究合同关系，所谓合同就是结婚证，以领取结婚证的时间为界限，在这之前，所有的爱情都会存在"逆向选择"的问题。

可以说，只要有市场，只要进行交易，就可能出现逆向选择。出现逆向选择的根本原因在于信息不对称，即买方和卖方所掌握的信息不一样。最佳也是最终的解决办法，就是尽量使交易双方信息对称，信息传递、沟通得越充分，越有利于作出最正确的决策。

找出隐匿信息，摆脱逆向选择旋涡

在这个飞速发展的信息时代，无论怎样强调信息对于博弈的重要性应该都不为过。现实的博弈中，除去信息因素外，大家赢的机会均等，谁能提前抓住有利信息，谁就能稳操胜券。这就是经典的信息博弈理论。

事实上，我们很多时候都会产生一种“不识庐山真面目，只缘身在此山中”的尴尬。也就是说，如果某一方所知道的信息并不为对方所知晓，就会产生信息不对称；而信息不对称所造成的逆向选择，又使我们失去很多本来属于我们的东西。所以，要想摆脱逆向选择的困境，我们必须最大限度地挖掘隐匿信息，做到知己知彼。

A 集团公司的业务蒸蒸日上，但是最近老总却陷入了烦恼中。公司准备投资一项新的业务，已经通过论证准备上马了，但是几位高层在事业部总经理的人选上产生了很大分歧。一派认为应该选择公司内部的得力干将小王，而另一派则主张选用从外部招聘的熟悉该业务的小李，大家各执己见，谁也不能说服对方，最后还是需要老总来拍板。那么，究竟哪一种选择更好呢？

就经验而言，小王显然经验要丰富得多，小李到此工作属于空降，而小王更具有本土优势，对业务也十分熟悉。但人事这一块，应该还是外聘较好吧，因为老总觉得自己公司活力不足，应该补充些新鲜血液。最终老总拍板，决定用外聘的小李。

于是小李正式走马上任。他的优势很明显，美国著名高校的 MBA，完全的西式经营理念；而小王不过中专毕业，是从底层一步步熬上来的。老总对小李寄予厚望，小李也很努力，开始认真地对公司的人力资源进行诊断，并煞有介事地挑出了一堆毛病。老总一看，心里开始担忧，这些毛病要整改完成，自己公司将会垮掉！

时间一久，小李只知道挑毛病，却没有对公司进行任何实际操作，弄得公司人人自危，怨声载道。老总一看，这样不行，于是迫不得已又把小李辞退了，而此时的小王却因为没有得到老板的重视，已经跳槽去别的单位了。A集团花费了大量的时间、精力和金钱，最终不但没有给公司带来效益，反而使公司陷入了危机。

A集团所碰到的就是典型的逆向选择。正是因为彼此的信息是不对称的，老板不知道小李的实际操作能力，只看到了小李的海外镀金背景，结果弄得自己很狼狈。要解决这种逆向选择问题，其实老板应该给小王和小李每人一段时间作为试用期，在试用期内了解他们的隐匿信息，即实际的工作能力，从而判断谁更适合总经理的职位。

当今社会，谁充分掌握了隐匿信息，谁就掌握了整个世界，如果信息闭塞，就会陷入逆向选择的困境。

隐匿信息在逆向选择中起着关键作用，如果你能及时掌握全面的信息，就能防止逆向选择的发生。即使在逆向选择表现得最为突出的保险领域，信息的优势一样可以尽量避免逆向选择。如果你事先了解了投保人的情况，知道他之所以投保是因为出事的概率比较大，你就可以要求他增加保费或加上其他的附加条款以减少自己的损失，而找出这些隐匿信息的途径也只有一个——实地调查。

冰山理论：实际存在的很多，而我们可见的太少

【定律阐释】冰山运动之雄伟壮观，是因为它只有1/8在水面上。眼睛所看到的总是远远小于看不到的，而且浮在水面上的是容易解决的问题，水面下的才是最难处理的问题。

眼睛看到的远远小于看不到的

> 两个天使在旅途中到一个富有的家庭借宿。这家人对他们并不友好，拒绝让他们在舒适的卧室过夜，而是在冰冷的地下室给他们找了一个角落。当他们铺床时，老天使发现墙上有一个洞，就顺手把它修补好了。小天使问他为什么这样做，老天使答道："有些事并不像它看上去那样。我从墙洞看到墙里面堆满了金块。因为主人被贪欲迷惑，不愿意别人分享他的财富，所以，我把墙洞补上了。"

我们不是老天使，我们不可能像他一样能看透事情的本质。受各种因素的影响，我们认识世界的能力是有限的，甚至有时候我们所看到的世界并不一定是最真实的世界。我们不可能洞悉一切事物，实际上我们眼睛看到的远远小于看不

到的。冰山理论就是向我们昭示，我们生活在一个信息不完全的世界中。

在生活中，随处可见信息不完全的情形。比如，你加倍努力干好工作，老板理应多付你工资，但因为他对你的努力程度只是有个模糊概念，所以你的业绩奖金只是你薪水的一小部分。只有老板能完全看清楚你的能力与努力，他才能够将你的薪水与表现挂钩。

如果我们把一个员工的全部才能看作是一座冰山，浮在水面上的是他所拥有的资质、知识、行为和技能，这些就是员工的显性素质，可以通过各种学历证书、职业证书来证明，或者通过专业考试来验证；而潜在水面之下的东西，包括职业道德、职业意识和职业态度，我们称之为隐性素质。显性素质和隐性素质的总和就构成了一个员工所具备的全部职业素质。

冰山理论可以用来解释职场中的很多问题。比如：

为什么有经验的“海归”大受欢迎？

为什么有外企背景的人找工作相对容易很多？

为什么有些人学历低收入却很高？

为什么有些人总是能够得到赏识和重用？

为什么许多企业明确表示不招聘应届毕业生？

为什么经验丰富的你，专业很好，求职却屡受打击？

为什么你总是得不到提升，也得不到高薪？

为什么你做事，老板总不满意？

职业化素质有大部分潜伏在水底，就如同冰山有7/8潜藏在于水底一样，正是这7/8的隐性素质支撑了一个员工的显性素质。显性的因素就像浮于海面上的冰山一角，事实上是非常有限的；冰山水底的隐性因素包括员工的职业意识、职业道德和职业态度，在更深层次上影响着员工的发展。所以，我们应该在注重培养显性素质的同时，培养自己的隐性素质，特别是自己的职业精神、学习能力、团队意识等，并将这些融入自己的职业生涯中，让“冰山”的支持更加牢固。

广泛收集信息，取其精华

鲁迅的“拿来主义”是有选择地、为我所用地拿，在这个信息泛滥的时代，聪明的“拿来主义者”都是善于收集信息的高手。他们在收集信息的时候，去除无效信息，保留有效信息，是信息让他们在成功的路上走得更顺畅。

我们不要坐在那里被动地等待别人提供信息。当你确实需要资讯时，必须要主动地去收集，养成收集信息的习惯。

如何养成高效收集信息的习惯呢？应当从以下几个方面着手：

1. 要主动

优秀的人应当主动去“关心”信息，因为这是搜集信息的一个好方法。例如，在大街上，当你听到消防车喇叭声大作时，你会问：“哪里失火了？哪里出现了紧急情况吗？”只有主动询问，你才能立刻了解到哪里出现了事故。当看到街头上围了一大群人，你要走上前挤进去，才能看得见那里发生了什么事。因为，要掌握一件事情的真相，光有好奇心是不够的，还要尽可能地亲身经历或亲眼所见。要搜集资讯，就必须主动出击，抢先获取第一手资料。当然，我们还应当培养自己判断信息价值的能力，这样才能在浩如烟海的信息世界找到对自己有用的信息。

2. 建立个人信息网络

建立个人信息网络的重要性，在于当你想要哪一类资讯时，立刻可以找到能提供这方面信息的人；当你想得到最具权威性的资料时，马上有人为你提供最为科学的建议。怎样来建立你的信息资讯网呢？可以先以你的知交良朋、同一母校的校友、同时进入公司的同事、上各类培训班时认识的学员、同行业里认识的朋友为基础，逐渐扩大你的信息网络。若善加利用，这个网将是你一生中最宝贵的财富之一。

3. 要善于“套”情报

用对信息的保密程度来划分，人不外乎两类：缄默型和主动传播型。当知道一项内部资讯时，主动传播型的人，不用你去问，他都会跑来告诉你整个事情的始末，并且会添油加醋；而缄默型，会三缄其口，不随意传话。

对缄默型的人，你要想办法从他们的嘴里“套”出话来，你不能开门见山，要旁敲侧击。对主动传播型，无论他向你说什么，你都要很有兴趣地听完它，不要对自认为有价值的就认真听，觉得没用的就提不起精神。否则，以后他就不会再告诉你什么东西了。

4. 不要随便传播所得情报

一般来说，对方信任你，才会告诉你内部参考、内幕消息和独家机密，而且他们往往会叮嘱你“千万不要告诉别人”。如果你把这些事情随便告诉了其他人，一旦传到了当初告诉你的那个人耳中，以后你再也不能从他那里得到什么有价值的信息了。

5. 学会适当透露情报给别人

光是别人给你提供信息情报，你却不给别人透露一些他想要的资讯，这样的关系是不可能长久的。你必须提供令对方满意的情报，别人才会给你需要的信息。

【定律链接】 买车的冰山理论

如今有车一族已经是数不胜数。

以经济车为例，虽然车降价让人难以抑制购车欲望，但上牌费、停车费、税费、保险费、保养费、汽油费、配件费等，这些才是冰山的全貌！在经济车的整个生命周期内，28%的成本发生在购买初期，72%的成本为使用成本和税费，即经济车的使用成本远远超出价格。成熟的用户应当意识到经济车“冰山”隐藏在水下的巨大部分。假设：一辆8万元的经济车，购置税0.7万元，使用12年按照每年1.2万元计算共14.4万元，另外9万元包牌一次付出的资金，投资收益按照4%计算，12年共减少投资收益4.3万元。这样就很清楚了：8万元的车价，使用成本、税费和减少投资收益共19.4万元，这还不包括一些地方性收费和拍牌费。

冰山看上去很美丽，但如果走近却发现冰山也是陡峭嶙峋，如果没有统筹和预期，买得起车却养不起车，汽车看上去还是那么美吗？

传播扭曲效应：信息传播的链条越长，信息越失真

【定律阐释】传播扭曲效应，类似经济学中的牛尾效应，指信息在传播的过程中由于没有实现有效的共享，被层层扭曲，以致面目全非，最终导致发出的信息与接收的信息出现越来越大的偏差。

信息越传越“扭曲”

在一节小学的听说课上，老师带领学生们做了这样一个传话游戏：10 个同学为一组，一排人站好，戴上隔音耳机，从左至右传达一段话，只有正在进行交流的两个人才能取下耳机，其他人都只能通过前一位的转达才能知道话的内容。哪一组最后说出的话与原文最相近，就胜出。老师将比赛规则公布完毕之后，就将传话的句子告诉了每组的第一位同学。开始后，第一个人说的是“给我来一份紫菜蛋花汤”。结果，第 10 个同学说出来的却是“我要一颗子弹，不要蛋花汤”。顿时，全班捧腹大笑。

这虽然是课堂上为了活跃气氛让学生放松的一个小游戏，却反映出我们需要重视的一个传播规律：信息在传播的过程

中会失真，不能轻易听信谣言。

一个人听到别人说的话之后，在向其他人转述的时候，往往不能完全理解讲话人的用意，而是加进了自己主观上的一些理解和想法。如果两个人之间存在利益上的对立时，他往往会在可操作的范围内，将原话进行一定程度的修改，使其符合自己的利益取向或者立场。特别是当一个人不熟悉说话人或者说话人用对方不理解的方式表达自己想法的时候，说话信息的失真性就越大。这样看来，讲话人表面上看是把自己的想法表达出来了，但实际上，别人是否真正领会了自己的意思或者领会了多少，都不是讲话人所能控制的，极有可能到了信息接受者那里，已经不再是“原版”的了。

那么，传播扭曲效应出现的原因是什么呢？

第一，口头传播中的不准确性。在人们平时的交际中，大多使用口语。但是口头语言是稍纵即逝的，无法像书面语一样，有纸质或电子的形式保存下来，因此口语的传播更多的是要靠接受者去理解。这就免不了会影响口头传播的准确性。

第二，传播的感情色彩。传播者喜欢一个人，就会在说话的过程中添加对其有益的信息，或者夸大已经存在的对其有益的信息。若讨厌一个人，则会有意夸张对他有害的信息。

第三，人性中的共性。很多人喜欢夸张，爱传播耸人听闻的消息，寻求刺激。在传播中，夸张的表情与语言更能刺激别人，达到自我宣泄与自我实现的目的。

第四，人们往往喜欢把不确切的东西、无从查证的信息，加上个人的想象，以增强其可信度。三人成虎便是这个道理。

在了解了这个效应之后，我们就要尽量不受小道消息、被扭曲消息的干扰，避免受传播扭曲效应的左右。俗话说得好：谣言止于智者。要学会分析判断问题，始终保持清醒的头脑，于人于己，都是一件幸事。

巧用传播扭曲效应做营销

虽然，传播扭曲定律大都是将事实夸大了，但是，并非所有的传播扭曲现象都有坏处而没有好处。有时候，经过扭曲了的信息反而会产生意想不到的效果。因此，传播扭曲定律可以应用在营销领域。

例如，某种品牌的服装在刚进入市场的时候，为了能吸引消费者的眼球，选择了一位当红明星做代言人。在最初的推广阶段就会吸引一大批消费者，并且会随之带来很多潜在消费者。市场的供求关系出现供不应求的现象，消费者就会向卖家反映，卖家就会向供应商反映，层层传递，最终的信息都会反馈到厂家。厂家在获取到这样的信息之后，肯定就会扩大生产。而在后续的生产过程中，该产品代言人的影响力继续扩大，不仅出了新的专辑，而且还做了很多公益事业，加上这位代言人本身出道的时间就很长。结果，代言人的影响群体从原来的年轻人扩展到中年人，甚至老年人，成为了大众心中的偶像，这就会带动该服装品牌的销量继续上升，而销量提升的同时，生产厂家得到这样的信息反馈，就会考虑丰富服装的种类、样式等。比如，过去只做服装，现在就可以考虑做鞋帽、手提包、饰品、纪念品等；过去针对的消费群体是青年人，现在就可以考虑中年人、老年人的穿衣风格而设计新的款式。在服装上，也可以增添多种款式，使之适合多种工作环境的人，从而形成该品牌完整的产业链条。

或许，该品牌的服装在最初进入消费者群体的时候，跟大多服装一样，并没有让大家觉得有什么特别之处，其本身的价值也很普通。但是，由于信息在消费过程中的传播，导致大家对该服装的需求的增大，口碑的树立，最终成就了一个品牌的市场地位。这无疑是传播扭曲现象所发挥出的独有的积极作用。

第五章

效用：满意价值千金，效用因人而异

杠杆效应：找到支点，以小撬大

【定律阐释】找到一个支点，人们通过利用杠杆，可以以较小的动力，撬起自己所追求的大事物。即由于一项经济活动引起的一个经济指标很小的变动，可以使另一个经济指标有较大的变动的现象。

“经济男”娶个“杠杆女”

有一天，古希腊著名数学家、物理学家阿基米德对叙拉古的国王说：“如果给我一个立足的地方，我将撬动地球！”国王一听，感到非常吃惊，于是对他说：“好呀，那你给我表演一下吧。刚好那边有一艘大船，随便你用什么工具和机械，只许你一个人，把这艘船推下水吧！”

阿基米德叫工匠在船的前后左右安装了一套设计精巧的滑轮和杠杆，并让国王拉动一根绳索，只见船慢慢地动起来，最终移到了海里。岸上的群众见此情景欢呼雀跃，国王也对阿基米德的才识另眼相看。

实际上，阿基米德是利用杠杆原理，设计了一套杠杆滑轮系统推动了大船。杠杆原理告诉我们，动力臂大于阻力臂，就是省力杠杆，利用省力杠杆，我们可以十分轻松地处置数十倍、甚至数百倍于我们自身重量的物体。

阿基米德的杠杆原理后来被经济学家所应用，成为“杠杆效应”。杠杆是一种用于投资的债务，当这笔债务用于投资，会加倍收益或是损失。“杠杆效应”使投资者可交易金额被放大的同时，也使投资者承担的风险加大了很多倍。但只要我们有效地利用“杠杆”，无论是创造财富还是在日常生活中，我们都只需付出很小的努力，便可获得丰厚的回报；反之，则可能终生劳碌却一无所获。

现实生活中，一些看似平常的人，却取得了巨大的成功；而一些被普遍认为能力较强的人，却一生难成气候。其实，秘密就在于对“杠杆”的应用，对“杠杆”应用得好，就可能成就一番事业；应用得一般，也可能办成一些事情；如果放着“杠杆”不去利用，那么走向成功的希望就非常渺茫。

2009年，第28届香港电影金像奖上爆出冷门，做了20年小弟的张家辉终于获得影帝殊荣。和前几任影帝梁朝伟等人相比，张家辉只能算一个平民级小人物。可在他成功的那天，我们才猛然想起，原来他的身后还有个叫关咏荷的女人。

回想当年，香港无线当家花旦下嫁三线小生，关咏荷就像一根杠杆，将不被人看好的张家辉一步步地扶持着走上巅峰。关咏荷牺牲事业全力支持着张家辉，虽对方十余年来没起色，但她一直在背后默默地支持着他。

这就是“杠杆女”的付出和最终收获的回报。要做到能

“撬”起平凡的老公或是男友，“杠杆女”有三步要走：第一步就是挖掘挑选，一旦选中他，不管他现在处于什么阶段，都当他是“大器”。第二步就是平衡协调，牺牲自己，甘做隐形人，将曾经的光彩统统遮住，用自己的力量去平衡生活中每一个环节，帮助老公或是男友平稳地走向上升空间。第三步就是高高升起，将对方送到一个令人无法企及的高度。

如果没有关咏荷，也许张家辉只是一个普通的中年男人。但他幸运地遇到了命运中的“杠杆”，于是成就了一番事业。

在人生的道路上，我们应该充分利用阿基米德的“杠杆原理”，发挥“支点”和“力臂”的巨大作用，创造自己的辉煌。

达成国家目标的财务杠杆

第二次世界大战以后，为了提升欧洲国家政治和经济地位，欧盟决定发行统一货币，即欧元。欧元是自罗马帝国以来欧洲货币改革最为重大的结果。

“在呼吁所有国家都需要转变财政政策和货币政策方面，我们领导了世界。”当英国首相布朗在唐宁街举行的月度新闻发布会上说出这番话的时候，一定没有想到不久后会发生这样的事——2008 年 12 月中旬，在伦敦的找换店中，英镑兑欧元的汇率牌价已低至 1.0532 欧元，扣除手续费及佣金后，实际汇率低至 0.918 欧元。

欧元的推出不仅使欧洲单一市场得以完善，欧元区国家间自由贸易也更加方便，成为欧盟一体化进程的重要组成部分。当然，欧元的推出，需要相应的财政政策做支撑。欧盟早在推出欧元之前，于 1991 年 12 月就通过了《欧洲经济和货币联盟条约》（又称《马约》），要求加入欧元区的国家政府财政赤字不能超过 GDP 的 3%，政府债务余额不能超过 GDP 的 60%。2003 年，时任德国财政部副部长的麦考·威瑟到中国访问时曾表示："这两个数字不是变魔术变出来的，也不能说有什么科学的演算方法，这两个数字是长期讨论的结果。"经过与有关国家的讨论和磋商，欧盟最后才决定采用 3% 和 60% 这两个财政趋同标准。

为什么欧盟国家要采用一定的财政政策以支持欧元？因为财政政策可以调节货币总需求。金融学关于财政政策的明确含义是指国家根据一定时期政治、经济、社会发展的任务而规定的财政工作的指导原则。如税收对国民收入是一种收缩性力量，增加政府支出，可以刺激总需求，从而增加国民收入；反之则压抑总需求，从而减少国民收入。

财政政策的手段主要有以下几种：

（1）国家预算。主要通过预算收支规模及平衡状态的确定、收支结构的安排和调整来实现财政政策目标。

（2）税收。主要通过税种、税率来确定和保证国家财政收入，调节社会经济的分配关系，以满足国家履行政治经济职能的财力需要，促进经济稳定协调发展和社会的公平分配。

（3）财政投资。通过国家预算拨款和引导预算外资金的流向、流量，以实现巩固和壮大社会主义经济基础，调节产业结构的目的。

（4）财政补贴。它是国家根据经济发展规律的客观要求和一定时期的政策需要，通过财政转移的形式直接或间接地对农民、企业、职工和城镇居民实行财政补助，以达到经济稳定协调发展和社会安定的目的。

（5）财政信用。是国家按照有偿原则，筹集和使用财政资金的一种再分配手段，包括在国内发行公债和专项债券，在国外发行政府债券，向外国政府或国际金融组织借款，以及对预算内资金实行周转有偿使用等形式。

（6）财政立法和执法。是国家通过立法形式对财政政策予以法律认定，并对各种违反财政法规的行为（如违反税法的偷税抗税行为等），诉诸司法机关按照法律条文的规定予以审理和制裁，以保证财政政策目标的实现。

（7）财政监察。是实现财政政策目标的重要行政手段。即国家通过财政部门对国营企业事业单位、国家机关团体及其工作人员执行财政政策和财政纪律的情况进行检查和监督。

【定律链接】财政杠杆相关词语链接

1. 扩张性财政政策

又称积极的财政政策，是指通过财政分配活动来增加和刺激社会的总需求。

2. 紧缩性财政政策

又称稳健的财政政策，是指通过财政分配活动来减少和抑制总需求。

3. 中性财政政策

是指财政的分配活动对社会总需求的影响保持中性。

4. 自动稳定的财政政策

是指财政制度本身存在一种内在的、不需要政府采取其他干预行为就可以随着经济社会的发展，自动调节经济运行机制。

5. 相机决策的财政政策

是指政府根据一定时期的经济社会状况，主动灵活地选择不同类型的反经济周期的财政政策工具，干预经济运行行为，实现财政政策目标。

边际效益递减：投入与付出未必成正比

【定律阐释】如果不断添加相同增量的一种投入品（其他投入品保持不变），会导致产品的增量在超过某一点后下降，增加的产量会变得越来越少，甚至使总产量绝对减少。

投入不是越多越好

人们常说“一分耕耘，一分收获”，但是现实生活中，往往并不是这样，投入成本与收益的不对等，才是现实世界的真相。在生活中，我们常常会发现边际效益递减的情况。比如在农业生产中，随着肥料的增加，农产品的产量先是递增的；当达到一个浓度后，再增加肥料，农产品的产量是递减的；如果肥料太多就会把庄稼都烧死，最后连种子都收不回来。

对每个人来说，当然希望效益越多越好，但是，并不是生产要素投入越多，效益就越多。投入太多成本，结果往往令人失望，因为成本与收益并不总是正比递增的。

当把一种可变的生产要素投入到一种或几种不变的生产要素中时，最初这种生产要素的增加会使产量增加，但当它超过一定限度时，增加的产量就会递减，最终还会使产量绝对减少。这一现象普遍存在，被称为边际效益递减规律。

“一个和尚挑水吃，两个和尚抬水吃，三个和尚没水吃”的故事，就是对边际效益递减规律最生动的写照。

根据边际效益递减规律，边际产量先递增后递减，递增是暂时的，而递减则是必然的。边际产量递增是生产要素潜力发挥、生产效率提高的结果，而到一定程度之后边际产量递减，则是生产要素潜力耗尽、生产效率下降的原因所致。

那么，如何把握生产要素投入的“度”呢？简单来说，当一次新增的成本投入不能带来更长远的更大利益时，这样的成本投入就应该放弃。这样做，我们能以最少的成本获得最大的收益。

现实生活中，投入多少成本才能获得最佳收益，往往取决于个人的实际情况。其实，这个世界上不是什么人都能把握好度的。有的人从几只鸡开始，发展成为养殖大王；有的人投资数百万元养殖家禽，最终却亏本。把握好成本与收益的关系，不仅与个人素质相关，而且跟个人生存的环境和社会因素有关，如家庭出身的因素所在地区的大环境、政策限制以及倾斜等软环境。

再比如，一个人在饥寒交迫的时候，得到一把米，能解决他的生存问题，他自然会感激不尽。不过，如果继续给他米，那么这个人就会觉得理所当然，慢慢变得心安理得。

我们第一次接触某事物时情感体验最为强烈；第二次接触时，会淡一些；第三次，会更淡……以此发展，我们接触该事物的次数越多，我们的情感体验也越淡漠，一步步趋向乏味。这就是边际效益递减。

曾经有一位母亲在女儿出嫁前嘱咐女儿："到了婆家，记住不要一直做好事。"这位母亲深谙边际效益递减规律。母亲担心女儿一直做好事，婆家会认为这个媳妇天生就是这样，对她所做的好事不会放在心上，反而会有更高的要求，甚至不允许她日后出现一点点的细小差错。

一个人做一件好事并不难，难的是一辈子都做好事。生活里我们经常会遇到这样的事，当第一次帮助了某人时，他会对你心存感激；第二次帮助他的时候，他的感恩心理就会淡化；数次之后别人甚至将你的付出当成是理所当然的事，一旦他所期望的帮助没有出现，反而对你心存怨恨。

由此可见，把握"度"是一种艺术，是一种智慧，它既需要理性的光辉，更需要阅历的积淀。

年轻时拿命换钱，老了拿钱换命

小李大学刚毕业，找工作过程中不断碰壁，心灰意冷。面对人才市场的激烈竞争，小李觉得自己没有任何优势，整日愁眉苦脸。

一天，爷爷看到唉声叹气的小李，便问："你现在年纪轻轻的，怎么一天到晚无精打采的？"小李郁闷的心事正要向人诉说，于是就把找工作的经历告诉了爷爷，最后还感慨一句："我的资本再雄厚一点，就不至于这样了！"

"资本，你需要什么样的资本呢？"爷爷对小李的感慨很有兴趣。小李回答道："找工作的资本，比如名校文凭、各种等级证书，最重要的是钱。有了这些资本，我就不愁找工作了。”

爷爷听完小李的抱怨，笑着说：“那我现在给你100万，让你变成我这样的老头，你愿意吗？”小李很惊讶，不过他很快拒绝：“我还有好多理想没有实现，还有好多人生乐趣没有感受过！”爷爷又追问道：“那再给你100万，让你的身体得一种疾病呢？”小李想了想，再一次拒绝了。

爷爷依然微笑着说：“好，如果再多给你100万，让你成为一个植物人，不用再思考和烦恼了，你答不答应？”“不行。”小李坚定地摇了摇头。

在一系列追问后，爷爷问小李：“那你现在算一算，刚才有几个100万已经成为你的资本了？”

小李听完爷爷的话，一下醒悟过来。原来小李的苦恼只在于学历、金钱等有形资本，而没有看到自己拥有年轻、健康这些宝贵而无价的无形资本。

西方有一句俗语：“无知和疾病之外，再无贫穷；学问和健康之外，再无富裕。”可惜，现在大多数年轻人没有认识到这一点。“年轻时拿命换钱，老了之后拿钱换命”竟成了被“工作狂”接受的“真理”，甚至有人说：“不趁着年轻多加加班，怎么为以后看病攒钱。”

经济学将健康也定义为一种商品，需要投入成本，也有收益。健康的投入成本因人而异，包括日常保健、休息和锻炼花费的时间，还包括个人医疗的支出。

有投入就有产出，正如爷爷和小李说的，健康是创造财富的资本，同时，健康还能带来舒适和快乐。身体健康的人，往往比身体不健康的人更容易快乐；精神健康的人，有较好的自我调试能力和人际关系处理能力，心情愉快的时候会比精神不健康的人多。

英国前首相丘吉尔曾说过："空的袋子站不直。"没有健康身心的人，就像一个空袋子，价值是不值一提的。健康是1，其余都是0。无论你想要财富、爱情还是美貌，首先，请做好自己的健康投资。

【定律链接】广告边际效益的递减

我们每天都要接触无数的广告。比如电视、网络、手机上的广告，以及室外建筑上挂的海报、街道两边的横幅、公交车身上的海报等，令我们眼花缭乱。此外，广告商们还通过许多其他渠道无孔不入地渗入我们的生活。可是，许多商家和广告商都不得不意识到的是：广告的边际效益是递减的。

如果广告效果越来越差，商家和广告商就该反思，是不是发生了边际效益递减。

事实上，广告的边际效益递减存在很多种情况，每种情况下的原因、表现、发展都各有不同。那么在什么情况下会出现广告效果边际效益的递减呢？通过分析，主要存在以下几个方面：

对一种新兴行业而言，广告的效果要比一个已经相当成熟的行业的广告效果好得多。因为在成熟的行业，广告的边际效益受到递减的次数，要比一个新兴的行业多得多。像学习用品好记星，当年用4天的时间掀起了一个市场的关注热潮。但后来经过好记星、E百分、诺亚舟等诸多品牌铺天盖地的广告轰炸，已经将观众的目光和注意力瓜分殆尽，之后，几乎没有哪个同类的新产品可以重现好记星当年的辉煌了。

但是，为了赢利，厂家和商家是不会对这种情况坐视不理的，他们纷纷推陈出新，以期望吸引观众的眼光，让观众再一次获得新鲜体验。商家可以利用某些概念和认识让消费者感觉他们的产品和目前市场上的产品截然不同。这方面的成功例子可谓不少，比如七喜汽水将自己定位为“非可乐”饮料获得了成功，成为营销史上的经典。五谷道场定位自己是“非油炸食品”和七喜有着异曲同工之妙，虽然后来遭到了同行业的不满、攻击和投诉，但“非油炸”这个概念和品牌已深深植入购买者的头脑中了。

为什么新的品类能够改变广告的边际效益递减呢？比方说，一个行业最初的广告边际效益是100，经过一段时间后递减到50，假如在这个时机进入这一行业，那么你的广告的边际效益就从50开始递减。但如果开发了一个新的品类呢，哪怕不能达到最开始的100，也极有可能达到90。

电视上曾一度流行过年给父母送一瓶保健酒之类的极度渲染煽情的广告，感觉不买它送父母，儿女就不孝顺。当时的广告效果不错，但是一旦观众对此类广告司空见惯，那么边际效益就会递减，广告商也就只能放弃这种风格的宣传。幽默的广告在今天效果较好，这是因为不同的、成功的幽默广告就像小品，以不同的故事、情节、语言给人带来了愉悦感，这是一种创新，正是这种创新在不断抵消着广告边际效益的递减。

需要层次定律：需求是无止境的

【定律阐释】每个人在不同的时期会有不同的需要，在低层次的需要被满足后，很快会产生更高层次的需求。

马斯洛“需要层次理论”

美国著名的心理学家、人格理论家马斯洛在他的“需要层次理论”中提出，人的需要都有轻重层次，某一层需要得到满足之后，另一层需要才出现。马斯洛认为，在特定时刻，人的一切需要如果都未能得到满足，那么满足最主要的需要就比满足其他需要更迫切。马斯洛将需求划分为五级：生理的需要、安全的需要、感情的需要、尊重的需要、自我实现的需要。

马斯洛的需要层次理论与经济学家的边际效应递减理论可谓殊途同归，经济学家也认为，人的某一个需求得到满足后，很快就会出现边际效应递减，此时，只有新的需求才能带来更高的效用。

我们有需求，有对未来的憧憬和对幸福的期待，这并不是坏事。然而，如果我们无极限地奔跑、追求，梦想永无止境，生命却很容易就走到尽头。曾经有一个笑话说，仙女答应一个凡人为他实现一个愿望，不过只能是一个，凡人思虑良久说：“好吧，那我的愿望是让我拥有无数次许愿的机会。”

寻对胃口才能送对美餐

现代社会加快了人们的生活节奏，速冻食品的出现既为人们节省了宝贵的时间，又为人们增添了新口味。

大学毕业后鲍名利一直想干一番事业，他看中的正是刚刚打入市场却还不被行家看好的速冻食品行业，他毅然辞掉了政府部门的工作，转而做了台湾怡尔香面食的省总代理。为了使策划独具匠心，9月1日老人节，鲍名利在市里率先推出“为70岁以上老人送台湾寿桃”的活动，广泛的宣传遍及其他城市。鲍名利为此开了4家连锁店，并在百货大楼、红旗商城等处设有冷冻专柜。

毕竟是初涉商海，鲍名利虽然有闯劲和干劲，但忽略了重要的一点，那就是速冻食品也有淡旺季之分。每年的4~10月正是淡季，由于战线拉得太长，价格不菲的柜台费和庞大的员工开支使他感到力不从心。到1995年6月末，他已经亏了数万元，不得不宣布这次代理失败。

经济学中，把在一定价格水平下，商品或劳务的供应量与需求量相等的这种状况，称为“市场均衡”。如果市场需求发生变化，会打破市场均衡，这时供应商要相应地调整商品或劳务价格，或者改变供应量，才能达到新的市场均衡。比如，夏天的羽绒服一般要比秋冬天卖得便宜，相比炎热的夏日，在秋冬人们更需要羽绒服，因此随着季节影响消费需求的变化，商家不得不通过调整价格来保持销量；中秋临近时，市面上月饼比比皆是，而在其他时节却无影无踪，因为吃月饼是中秋佳节独有的习俗，所以在平时，月饼几乎没有消费需求，商家也就不得不通过改变供应量来保持供销均衡。

季节性商品，即需求量会随着季节的变化而变化的商品，像冰激凌、电风扇等，都是典型的季节性商品。经济学上，把这种现象解释为顾客消费习惯或顾客嗜好对市场需求的影响。比如，夏天炎热，消费者大都会倾向于选择消费冰激凌、电风扇等消暑商品，而在其他季节，明显会减少对这些商品的消费。

故事中，鲍名利虽然发现了市场，却没有考虑到市场需求量的变化以及市场均衡被打破后的被动局面。在漫长的销售淡季中，速冻食品需求急剧下降，这时，要么通过降价来提升销量，要么通过减少供应来维持供求平衡，然而这都会直接导致收入骤减。另外，由于过度扩张，投入了许多固定成本，使得入不敷出，亏损越积越多，从而导致了最终的失败。对于这次失败，究其本质原因，是其没能全面准确地把握住市场需求。

犹太人的经商之道闻名世界。一位日本商人曾问杰出的犹太商人玛索巴氏："如何才能成功地经营好钻石生意？"玛索巴氏没有直接回答，而是先反问这位日本商人："你有真正的学识吗？"然后他继续说道："钻石商人的学识要非常渊博，无论什么事都要知道才行。"

在经营钻石买卖时，犹太商人不仅了解产品的性能，更懂得在客户身上下功夫，尽力去满足顾客的心理需求。由于钻石多是贵族消费的商品，还应相应地选择合理的销售场地。关键时刻，犹太商人会同顾客进行“谈判”，以取得顾客的重视和信任。只要商品最终引起了顾客的兴趣，买卖也就成功了一半。如果经营者是个粗俗的商人，既不懂得如何去布置场地，又不去思考商品的信誉，心理准备也不足，在交易中往往会因为一些没有水平的谈话吓跑顾客。所以，同样做着钻石生意，有些商人会因为卖不出去而发愁，精明的犹太商人却不一样，他们的生意非常好，他们凭着自己丰富的知识、阅历和经验，在钻石市场里寻找着丰厚的利润。

市场需求是由个人需求组成的，犹太人“了解钻石性能”“选择合理销售场地”“与顾客谈判以获取对方的信任”等，这些细节行为，目的就是为了准确抓住顾客心理，找到激发顾客个人需求的突破口，从而获得更多的市场需求。生意就是由一个个的个人购买需求累积起来的，但实际上每个人的需求都不一样，一千个人眼中有一千个哈姆雷特，所以抓住了每个顾客的胃口，也就抓住了市场。

供求关系不仅被深入地应用在商业中，还广泛地存在于人际交往中。假设我们想要接近一个人，就先去弄清他（她）的喜好、性格，甚至当下的状况，才能有针对性地与他（她）进行交谈与交往。否则，你突兀上前，很可能会因为一句话或一个行为“吓跑”对方；找工作面试时，变被动为主动，若能通过与考官的积极沟通交流，观察推断出他（她）的性格爱好，无疑会增大你的胜算。抓准机会，投其所好，那么你离成功就不远了。

找工作其实也是一样的道理。很多人对高薪的工作职位趋之若鹜，即使对该工作没有多大兴趣，即使该工作所属行业未来衰退风险很大，即使自己的性格与工作的要求不太相符，也毫不影响其对高薪的追求。人们似乎还完全不明白自己的需求是什么，就盲目寻找“供给”（工作），没有完全针对诉求而提供的供给，自然不对胃口。

如果把人生比作是一道菜，那么，最高明的厨子一定会首先弄明白食客胃口偏好是什么，才能提供对胃口的佳肴。

【定律链接】 找准属于自己的池塘

中国台湾天仁名茶创始人李瑞河，27 岁时才把自己的事业定位在开办茶行上。当时，他的第一家茶店选址有两个选择：一是在台南市开办，那里虽然繁华，但茶行林立，竞争十分激烈；二是到台南县的佳里镇或麻豆镇开业，那一带尚无专门的茶庄，且无竞争对手。

李瑞河决定先到佳里和麻豆去看看。经过一番细致的调查，他发现，虽然这两个地方没有茶行，但由于受当地生活习惯的影响，人们普遍不太喜好饮茶，对茶叶的需求很小，因此不适合在这里开办茶行。

因开业地点选择毫无头绪而烦躁不安的李瑞河，回来路过天仁儿童乐园时，发现了一个奇怪的现象：在儿童乐园旁边有大小不同的两个钓鱼池，小池热闹非凡，而大池却冷冷清清。李瑞河上前打探，一位钓者告诉他：“很简单，小池鱼多，大池鱼少呗！”就在这一瞬间，他想通了：大池就好比佳里和麻豆，虽然无竞争对手，但喝茶人也少，所以没有顾客。由于钓鱼池的启示，他不再犹豫，立即决定在台南市开办他的第一家茶店。

新市场虽无竞争，但却具有比一般市场更大的风险。开拓一个新市场，初期需投入巨大的成本，比如营销宣传、建立厂房或店铺、商品设计以及一些市场制度规范所需的成本等。如果这个新市场需求量不够强劲，没有足够的潜力可以挖掘，那所有的投入很可能就是肉包子打狗——有去无回。

佳里和麻豆两地的茶市场就是这样的一个新市场。居民长久的消费习惯严重限制了市场需求，若要开拓这样的市场，风险和成本无疑是难以估量的。相比之下，台南市茶市场虽然竞争激烈，却有着巨大的市场需求，而且市场制度已较为规范，市场进入成本也较小，如若能作出产品特色，做好市场营销方面的工作，获得一定市场需求的可能还是很大的，从而风险要小很多。所以李瑞河最后选择了台南市场，并打拼出了自己的一番天地。

“不撞南墙不回头”，生活中，我们总是在磕得“头破血流”时，才发现自己一开始就选错了路；总是在一番漫长的盲目追求后，才发现所追逐的是个难以实现的“梦”。我们总是做一些“雾里看花，水中望月”的事，其实，有时只要往回迈一步，便会“峰回路转”。因为那条“路”、那个“梦”本就不适合你，只有去找回属于你的天地，才能发挥你的才智。当然，也有“绝境逢生”的人，通过自己的睿智与执着，成功“绕开了南墙”。

套裁效应：统筹兼顾，效用最大化

【定律阐释】套裁效应，是指裁制两件以上的服装时，在一块布料上作合理的安排，可以尽量减少废料。在考虑问题时要学会统筹兼顾、恰当处理各种矛盾，以求得到最合理的收益。这实质上是一种用系统的方法解决问题的经济思维方式。

合理安排出效率

经济讲求效益，管理讲求效率。面对许多要完成的任务，都要做到面面俱到，似乎就会让人分身乏术，应接不暇。与其如此，倒不如树立起全局观念，将所要做的事情都安排到一个合理的系统当中去，而不去过分拘泥于每一个细节。有时，如果我们能用全面的观点看问题，做到统筹兼顾，可能会在有限的时间内取得更多的效用。

有一家公司在招聘时，用了一种独特的方式，只给面试者出了一道题。只要回答得能令领导满意，就可以直接被录用。考试题目是这样的：在一个暴风雨的晚上，你开车经过一个车站。有 3 个人正在等公交车，一个是快要死去的老人，很可怜；一个是医生，他曾救过你的命，是你的大恩人；还有一个女人（男人），她（他）是你的梦中情人，错过也许就没有了。但你的车里只能再坐一个人，你会如何选择？

所有的面试者看到题目都情不自禁地觉得难以取舍。这真是太难选择了。因为见死不救、知恩不报或者错失真爱都是令人难以接受的。于是，答案便五花八门，答成什么样子的都有。最后，在200个应征者中，只有一个人被雇用了。他的回答是："给医生车钥匙，让他带着老人去医院，而我则留下来陪我的梦中情人一起等公交车。"

这个面试者最终之所以能从200多名应征者中脱颖而出，关键就在于在他运用了套裁理论。在经济领域，不仅要学会做事，更要学会高效率、科学合理地做事，运用套裁效应，既能够顾全大局，又能够把工作分出轻重缓急，条理分明。惟其如此，才可以在有限的时间内，高效率地完成更多的工作。

现代社会是需要有合作精神的。经济领域也同样如此。大到一个企业的组织机构，小到一个团队，都存在着整体和部分之间的相互作用。有了统筹全局的思想作指导，才会提高工作效率。如果顾此失彼，缺乏统筹全局的眼光和能力，就会浪费大量的人力、物力、财力，而且，还不能保证把事情做得漂亮。显然，这是不符合经济原则的。

系统思维是一种看问题的角度，它要求我们以与众不同的方式去认识问题。考虑问题的时候不能只局限在单个问题上，还要将问题放在一个系统中去考量，不仅要纵向分析，还要有横向比较。这样才能找到解决问题最高效的方法。

向套裁效应要效率

套裁效应因其广泛的应用已经成为一种具有方法论意义的理论。它不仅可以应用到工程实施、企业管理中，还可以在生活中为人们服务。

有一位战士小王，在部队的年度考核中，一举夺得瞄准手专业第一名的成绩。但是，在后来的训练中他发现，无论他再怎么努力，他的成绩总是徘徊不前。其他战友纷纷劝道："瞄准手既要精确装定表尺和分划，又要迅速操作火炮高低和方向，可谓一心不可二用，你的成绩已经达到了极限，不可能再有新的突破了。"

战友的质疑并没有让小王停下探索的脚步。一次，他在图书室翻阅杂志，看到一个人可以一手画圆、一手画方的有趣故事，突然产生了灵感，他将"一心二用"搬到了瞄准手训练中，一次次地尝试，一次次地失败。

功夫不负有心人，经过3个月的反复练习，他把瞄准手双手操作技能变成了一种本能反应，实现了"数据装定与火炮操作同步进行、居中气泡与排除空回一步到位"，创造了瞄准手装定改装的最佳成绩，比《大纲》规定的优秀成绩提前了49秒。

小王在瞄准方面刷新成绩的关键，就在于他运用了套裁效应。他们所要完成的任务，看似互相矛盾，但是只要进行合理规划，还是可以很好地完成的。

第六章

经营：经营就是让价值最大化

二八法则：抓住起主宰作用的“关键”

【定律阐释】二八法则，又称帕累托法则、帕累托定律、最省力的法则、不平衡原则或二八定律，指投入与产出、努力与收获、原因和结果之间，普遍存在着不平衡关系。小部分的努力可以获得大的收获；起关键作用的小部分，通常就能主宰整个组织的盈亏和成败。

无所不在的二八法则

理查德·科克在牛津大学读书时，学长告诉他千万不要上课，“要尽可能做得快，没有必要把一本书从头到尾全部读完，除非你是为了享受读书本身的乐趣。在你读书时，应该领悟这本书的精髓，这比读完整本书有价值得多”。这位学长想表达的意思实际上是：一本书 80% 的价值，在 20% 的页数中就已经阐明了，所以只要看完整本书的 20% 就可以了。

理查德·科克很喜欢这种学习方法，而且一直将其沿用下去。牛津并没有一个连续的评分系统，课程结束时的期末考试就足以裁定一个学生在学校的成绩。他发现，如果分析过去的考试试题，会发现把所学到与课程有关的知识的20%甚至更少准备充分的话，就有把握回答好试卷中80%的题目。这就是为什么专精于一小部分内容的学生，可以给主考人留下深刻的印象，而那些什么都知道一点儿，但没有一门精通的学生却考不出好成绩。这项心得让他不用披星戴月、终日辛苦地学习，但依然取得了很好的成绩。

理查德·科克到壳牌石油公司工作后，在可怕的炼油厂内服务。他很快就意识到，像他这种既年轻又没有什么经验的人，最好的工作也许是咨询业。于是，他去了费城，并且比较轻松地获取了Wharton工商管理的硕士学位，随后加盟了一家顶尖的美国咨询公司，第一个月，他领到的薪水是在壳牌石油公司的4倍。

就在这里，理查德·科克发现了许多运用二八法则的实例。咨询行业80%的成长，几乎全部来自专业人员不到20%的公司，而80%的快速升职也只有在小公司里才有——有没有才能根本不是主要问题。

当他离开第一家咨询公司，跳槽到第二家的时候，他惊奇地发现，新同事比以前公司的同事更有效率。

怎么会出现这样的现象呢？新同事并没有更卖力地工作，但他们充分利用了二八法则，他们明白，80%的利润是由20%的客户带来的，这条规律对大部分公司来说都行之有效。这样一个规律意味着两个重大信息：关注大客户和长期客户。大客户所给的任务大，这表示你更有机会运用更年轻的咨询人员；长期客户的关系造就了依赖性，因为如果他们要换另外一家咨询公司，就会增加成本，而且长期客户通常不在意价钱问题。

对大部分的咨询公司而言，争取新客户是重点工作，但在他的新公司里，尽可能地与现有的大客户维持长久关系才是明智之举。

不久后，理查德·科克确信，对于咨询师和他们的客户来说，努力和报酬之间也没有什么关系，即使有也是微不足道的。聪明人应该看重结果，而不是一味地努力；应该依照一些解释真理的见解做事，而不是像头老黄牛一样单纯地低头向前。相反，仅仅凭着脑子聪明和做事努力，不见得就能取得顶尖的成就。

二八法则无论是对企业家、商人还是电脑爱好者、技术工程师和其他任何人，意义都十分重大。这条法则能促进企业提高效率，增加收益；能帮助个人和企业在最短的时间获得更多的利润；能让每个人的生活更有效率、更快乐；它还是企业降低服务成本、提升服务质量的关键。

二八法则的运用

微软的创始人比尔·盖茨曾开玩笑似地说，谁要是挖走了微软最重要的约占 20% 的几十名员工，微软可能就完了。这里，盖茨告诉了我们一个秘密：一个企业持续成长的前提，就是留住关键性人才，因为关键人才是一个企业最重要的战略资源，是企业价值的主要创造者。

留住你的关键人才，因为关键人才的流失有时对一个企业来讲是致命的。

因此，在任何时候，你都要和他们保持良好的沟通，这种沟通不仅是物质上的，更是心理上的，让他们觉得自己在公司具有举足轻重的地位。如果他们感觉到老板对自己的赏识，他们的心中会升华出一种责任感，从而愿意与公司共进退。

> 一家西方知名公司的首席执行官刚刚实行了一项革命性的举措——部门经理每季度提交关于那些有影响力、需要加以肯定的职员的报告。这位首席执行官亲自与他们联系，感谢他们的贡献，并就公司如何提高效率向他们征求意见。通过这一举措，这位首席执行官不仅有效留住了关键性的人才，还得到了他们对公司的持续发展提供的大量建议。

另外，要仔细分析关键人才在什么情况下业绩最佳，深入了解在那段时间内，他们是如何工作的。因为即使是一个关键人才，他的业绩也不是每个季度、每个月都一样的。根据二八法则，找出他们创造了 80% 业绩的 20% 的工作时间，来分析他们在那段时间内创造佳绩的原因。

你也许会问，对表现差的那 80% 的销售员该怎么办？

其实这些问题你不必考虑，你要训练的是那些你打算长久留在身旁的人，若训练随时准备让他们走人的员工，才真是徒劳无功。

让关键人才来训练你打算留下来的人员，经过一个阶段之后，在受训人员中淘汰掉表现较差的一部分，只保留表现最好的 20%，把 80% 的训练计划和精力放在他们身上，力争他们也成为公司的关键人才。这样，长江后浪推前浪，整个公司的业绩也就上升了。

一位著名的管理学者说：“成功的人若分析自己成功的原因，就会发现二八法则在自己成功的道路上发挥了巨大作用。

80% 的成长、获利和发展，来自 20% 的客人。公司至少应知道这 20% 是谁，才可能清楚地看到未来成长的前景。”

1998 年，在梅格·惠特曼出任 eBay（易趣网）公司首席执行官 5 个星期之后，她主持了一次为期两天的会议，讨论收缩销售战线的问题，并再次检查用户数据。如果了解 eBay 公司每个卖家的交易量（当然这由 eBay 公司负责），你就可以很容易地列出双栏表格。第一栏按照递减顺序，也就是按照交易量从最大到最小的顺序将客户排列下来。第二栏进行交易量累计（例如第一栏中，第一名客户的交易量为 5 万美元，第二名客户的交易量为 4 万美元，那么，在第二栏中，对应第一名客户的交易量累计将会是 5 万美元，而对应第二名客户的交易量累计则为 9 万美元）。现在，看看第二栏，我们可以找到累计销售额占 eBay 公司总销售额 80% 的客户，从中我们可以知道 eBay 公司销售的集中程度怎样。

经过两天的整理和排列，惠特曼和她的团队发现，eBay 公司 20% 的用户，占据了公司总销售量的 80%。这个消息并非听听而已，它提醒大家，针对这 20% 客户的决策对于 eBay 公司的发展和收益非常关键。当 eBay 公司的管理者追踪这 20% 核心用户的身份时，他们发现这些人大都是收藏家。因此，惠特曼和她的团队决定不再像其他网站那样通过在大众媒体上做广告去吸引客户，转而在收藏家更容易关注的玩偶收藏家、玛丽·贝丝的无檐小便帽世界等收藏专业媒体和收藏家交易展上加大宣传力度，这一决策成为 eBay 成功的关键。

将注意力集中在核心用户身上，促成了 eBay 公司大销售商计划的诞生。该计划旨在通过提升核心客户的表现，从而带动 eBay 公司自身有更好的表现。该计划向三类大销售商提供了特权和认可，他们分别是：铜牌用户，每月销售 2000 美元；银牌用户，每月销售 10000 美元；金牌用户，每月销售 25000 美元。只要大销售商获得了买家的好评，eBay 公司就会在这个销售商的名字旁边加注一个专用徽标，并给他们提供额外的客户支持。比如，金牌销售商可以拥有 24 小时客户支持的热线电话。

由此可见，在公司管理中，要运用二八法则来调整管理的策略，就要首先清楚掌握公司在哪些方面是赢利的，哪些方面是亏损的，只有对局势有了全面的了解，才能对症下药，制定出有利于公司发展的策略。如果脑袋里是一笔糊涂账，就无从谈起二八法则的运用，而那些琐碎、无用的事情将继续占据你的时间和精力。所以首要的任务是对公司做一次全面的分析，细心检查公司里的每个细微环节，理出那些能够带来利润的部分，从而制定出一套有利于公司成长的策略。

你要找出公司里什么部门业绩平平，什么部门创造了较高利润，又有哪些部门带来了严重的赤字。通过分析比较，你就会发现哪些因素在公司中起到举足轻重的作用，而另一些则在公司中的作用微不足道。

在企业经营中，少数的人创造了大多数的价值，获利 80% 的项目只占企业全部项目的 20% 。因此，你应该学会时刻注重那关键的少数，提醒自己把主要的时间和精力放在那关键的少数上，而不是用在获利较少的多数上，泛泛地做无用功。

【定律链接】慎用二八法则

实际上，运用二八法则有着严格的前提假设，离开这些假设来谈论该法则的普遍适用性，就会导出十分荒谬的结论。

第一，假设具备事前判断关键与非关键事物所需的各种信息，否则就无法有效区别关键少数与一般多数。管理复杂系统，如果无法事先确定哪些是少数关键因素，也就不可能提出操作对策。

第二，假设少数关键要素与多数一般要素这两者之间互相独立不相关。事实上，在管理系统中，关键少数与一般多数之间往往存在着双向互动的相关性。因此，用对有机系统进行肢解的方式来获取所谓的关键因素，而把其余部分均归为所谓的一般因素，这种做法非常荒谬。

第三，假设所找到的关键事物或环节等是可调控的，即二八法则所涉及的关键因素是人类群体理性选择的结果，它是一种人类决策可改变、可利用的规律。如果找出的关键因素是管理者及企业力量所不能改变的，却硬要试图违背理性加以改变，就如同头撞南墙、鸡蛋碰石头，其结果将以失败告终。从这个角度看，除非管理环境在其存在方式、发展趋势、运行模式、因果关系等方面的变化具有一定的可预见、可调控的特性，否则二八法则就只有解释性，而不具可行性，对管理者来说等于无效。

所以，关于二八法则，在使用中应该注意：

（1）要以符合一定的前提假设为先决条件。

（2）要将 80% 与 20% 看成是一个整体，也就是要在注重 20% 关键因素的同时，也关注 80% 非关键因素，在二者协调的情况下，提高整个系统的水平。

分粥规则：自私并不妨碍公平

【定律阐释】分粥规则指在没有精确计量手段的情况下，无论选择谁来分，都会有利己嫌疑。经过多方博弈后，解决的方法就是分粥者最后喝粥，等所有人把粥领走了，“分粥者”喝最后剩下的那份。

自私不能妨碍公平

有一个很古老的故事：

有7个小矮人在一起共同生活，其中每个人都没有什么凶险祸害之心，但不免有自利的心理，他们每天要分食一锅粥，但没有称量用具。

大家发挥聪明才智，试验了各种不同的方法，主要方法如下：

方法一：拟定一人负责分粥事宜。很快大家就发现这个人为自己分的粥最多，于是换了人，结果总是主持分粥的人碗里的粥最多。大家得出结论：权力导致腐败，绝对的权力导致绝对腐败。

方法二：大家轮流主持分粥，每人一天。这样虽然看起来平等了，但是每个人在一周中只有自己分粥那天吃得饱且有剩余，其余 6 天都饥饿难耐。结论：资源浪费。

方法三：选举一位品德尚属上乘的人。开始还能维持基本公平，但不久他就开始为自己和溜须拍马的人多分。结论：毕竟是人不是神。

方法四：选举一个分粥委员会和一个监督委员会，形成监督和制约。公平基本做到了，可是由于监督委员会经常提出多种议案，分粥委员会又据理力争，等粥分完，早就凉了。结论：类似的情况政府机构比比皆是。

方法五：每人轮流值日分粥，分粥的人最后一个领粥。结果，每次 7 只碗里的粥都一样多。

这就是分粥的难题。要让分粥工作既有效率又公平，确实不是一件容易的事情。所幸的是，7 个小矮人通过实践，最终实现了效率与公平的共赢。

所谓“分粥规则”，是政治哲学家罗尔斯在其著作《正义论》中提出的。在这个颇有趣味的小故事背后，揭示的是社会财富的分配问题。罗尔斯把社会财富比作一锅粥，这锅粥当然不是敞开的“大锅饭”，所以罗尔斯假设 7 个小矮人共同分粥——这 7 个小矮人，实际上代表的就是政治经济学体制下的广大人民；而以上小矮人进行的不同的实验，代表的自然就是不同的政治经济体制。

在没有精确计量手段的情况下，无论选择谁来分粥，都会有利己嫌疑。经过多方博弈后，解决的方法就是第 5 种——分粥者最后喝粥，等所有人把粥领走了，“分粥者”喝剩下的那份。因为让分粥者最后领粥，就给分粥者提出了一个最起码的要求——每碗粥都要分得很均匀，否则最少的那碗肯定是自己的。只有分得合理，自己才不至于吃亏。因此，“分粥者”即使只为自己着想，结果也是公正、公平的。

【定律链接】制度决定行为

通过分粥规则我们看到，同样是 7 个人，不同的分配制度，就会有不同的结果。所以一个单位如果有不好的工作习气，一定是机制问题，没有严格的制度奖勤罚懒。如何制定并执行系统的制度，是每个企业、每一位管理者都需要思考的课题。具体可以从以下几个方面入手：

1. 构建制度、奖惩分明

古人说：“知易行难。”搞好制度建设是做好工作的前提，执行制度才是提高效率的关键。要想有效执行制度，首先，要培养员工对制度的认同感。针对部门、员工岗位的要求，加强组织学习和培训，使每名员工都能清楚地知道自己应该做什么，不应该做什么，企业倡导什么，反对什么，什么是不正确的行为，什么是应该坚持的底线，这样才能确保执行不出现偏差。其次，在执行制度和管理的过程中，还要不断地完善和优化各类制度，时刻坚持制度是职工必须遵循的行为准绳，树立制度的权威性和执行制度的刚性，充分强调职工对制度的无条件服从和百分百执行。再次，在执行过程中，要敢于直面问题，准确、到位、公开地点评工作中的不足，批评不良倾向，提出整改措施。要把上级的要求与本单位的具体情况、基层班组的工作特点、职工的思想实际等，有机结合起来加以贯彻落实，防止出现形式主义、应付上级的不良现象。

2. 领导垂范、率先执行

古人说：“身教重于言教。”领导的执行力是企业制度建设最有力的保证。企业的各级领导干部既是制度的制定者，又是制度的执行者。当前，一些企业中的某些各级干部还不同程度地存在软、懒、散等现象，具体讲，制度执行不下去就是新形势下“软”的表现，缺乏创新意识、工作没有激情就是“懒”的表现，中心工作不突出、工作指导不到位就是“散”的表现。企业执行力的提高，需要领导者有坚定的态度、坚强的决心、有力的措施，更需要领导者身体力行。提高企业执行力，要提高领导者自身的执行力，要坚持真抓实干，说到做到，言出必行；坚持公司制度面前人人平等，严格按章办事，不做企业特殊员工；要深入基层，了解企业，了解员工，掌握实情；要参与执行，关注细节，及时协调解决企业运营过程中存在的各类问题；要加强团结协作，推进民主管理，在重大问题决策上集思广益、群策群力，形成相互支持、协调、团结共事的局面。

3. 文化引领、广泛认同

制度建设是企业文化的重要表现之一。企业执行力文化的核心内容，是一种对制度负责、敬业的精神和服从、诚实的态度。要把“不讲任何借口”的制度准则，融合在企业文化中，印刻在员工心目中，使之成为企业每个员工的一种守则、一种信念和一种精神力量。我们知道，只有员工的观念改变，态度才会变，态度改变，执行才会改变，执行改变，企业才会改变。因此，要充分运用“荣辱观”教育、“主人翁”教育、职业道德教育等活动，大力推进企业文化建设。开展经常性的企业精神教育，采取生动活泼、喜闻乐见的形式，灌输“执行制度不是对职工的约束，而是对职工的关爱”“执行制度就是尊重自己”“安全是最大的以人为本”等企业观念。教育广大员工，挑战制度和无视规定，就是无视自己的生命、践踏生活，是对自己、对家人、对企业、对他人不负责任，其结果必然是失大于得，甚至可能失去健康和生命。除此之外，还要注重开展榜样教育，把那些体现企业文化、反映企业精神、代表企业形象的先进个人和群体树立起来，彰显他们的地位，使之作为企业全体员工共同学习的榜样。

格乌司原理：在竞争中找准自己的“生态位”

【定律阐释】格乌司原理原指在大自然中，各种生物都有自己的“生态位”：亲缘关系接近的、具有同样生活习性的物种，不会在同一地方竞争同一生存空间。应用在企业经营上就是，同质产品或相似的服务，在同一市场区间竞争，难以同时生存。

生存就要做好“生态位”的定位

俄罗斯人格乌司将一种叫双小核草履虫和一种叫大草履虫的生物，分别放在两个相同浓度的细菌培养基中，几天后，这两种生物的种群数量都呈S形曲线增长。然后，他又把它们放入同一环境中培养，并控制一定的食物，16天后，双小核草履虫仍自由地活着，而大草履虫却已消逝得无影无踪。经过观察，并未发现两种虫子互相攻击的现象，两种虫子也未分泌有害物质，只是双小核草履虫在与大草履虫竞争同一食物时增长比较快，导致大草履虫死亡。

接着，格乌司又作了相反的一种实验。他把大草履虫与另一种袋状草履虫放在同一环境中进行培养，结果两者都能存活下来，并且达到一个稳定的平衡水平。这两种虫子虽然竞争同一食物，但袋状草履虫占用的恰恰是不被大草履虫需要的那一部分食物。

这就是一种“生态位”现象。大自然中，存在者都有自己的“生态位”：亲缘关系接近的、具有同样生活习性的物种，不会在同一地方竞争同一生存空间。若同时在一个区域，则必有空间分割，即使弱者与强者共处于同一生存空间，弱者仍然能够很容易地生存下来。没有两种物种的生态位是完全相同的。物种在食物依赖上完全不同，有吃肉的就必有吃草的，吃肉的与吃草的分时供应；比如狮子白天显威，老虎傍晚横行，狼深夜觅食等。人们把格乌司的这种发现称为“格乌司原理”。

一个物种只有一个“生态位”，但这并不排斥其他物种的侵占。商业竞争也一样，企业的产品在刚开始进入某个特定市场时，往往没有竞争对手，形成竞争前“生态位”。但是，只要市场是开放的，很快就会有其他竞争者大举进入该市场，形成“生态位”的部分重叠。如果市场容量足够大，大家尚能暂且相安无事，但随着市场份额的相对缩小，竞争会日趋激烈。这时，企业无论大小强弱，都要像狮子与羚羊一样训练快速奔跑，否则你就会被“吃”掉。

竞争能带来活力。对于个人，大家在你追我赶的激烈追逐中能共同获得迅速进步；同样，企业的活力也往往来源于竞争的威胁。商家之间的竞争，不但会促使其改善服务与提高产品质量，往往还会使其作出调整管理结构的举措，从而保持长久的竞争力。消费者们往往会在竞争中享受到降价以及服务与产品质量提高的实惠；经营者也会因消费增长而获得更多利润。竞争不但激发了企业的商业创新能力，还有效提升了企业的生存能力。

在竞争中，无论企业还是个人，强者与弱者的结合，才是对自己“生态位”的高度发挥。老虎是强者，但由于人们对其生存环境的开发，使得其数量越来越少；而被视为弱者的老鼠，虽然时刻都面临着被人类迫害的命运，但还是到处都有。因为老鼠的“生态位”没有发生根本的变化，使得它可以避开老鼠药和人们的棍棒而生存。

同样，衡量企业成功的标准是生存，而不是强大。事实证明，世界上的好企业都是百年不衰的企业。做企业不是“百米冲刺”，而是“马拉松赛跑”。能生存就是好企业，偏离自己的“生态位”去做强者的企业，那注定是“昙花一现”。

个人的“生态位”也是指人的生存与发展环境，这不但包含自然环境，还包括由文化、观念、道德、政策等组成的社会环境。每个人都必须找到适合自己的“生态位”，即根据自己的爱好、特长、经验、社会资源等，确定自己的位置。看清楚自己目前所处的“生态位”，再给自己一个合适的定位，这样方能“到中流击水，浪遏飞舟”！

定位决定市场成败

在经营中，定位决定市场成功。定位就是要让自己进入消费者的大脑，让消费者对你的产品有清晰的了解。这一理念，多年来一直影响着美国乃至世界企业的市场营销战略。

企业在全面了解、分析目标消费者、供应商需求的信息，以及竞争者在目标市场上的位置后，再确定自己的产品在市场上的位置及如何接近顾客，这样才能使营销获得最大限度的成功。

总的来说，企业要作出正确有效的定位，往往需要遵循一定的步骤：

1. 确定定位层次

确定定位层次是定位的第一步，就是要明确所要定位的客体，这个客体是行业、公司、产品组合，还是特定的产品或服务。

2. 识别重要属性

定位的第二步是识别影响目标市场顾客购买决策的重要因素。这些因素就是所要定位的客体应该或者必须具备的属性，或者是目标市场顾客具有的某些重要的共同特征。

3. 绘制定位图

在识别出了重要属性之后，就要绘制定位图，并在定位图上标示出本企业和竞争者所处的位置。一般都使用二维图。如果存在一系列重要属性，则可以通过统计程序将之简化为能代表顾客选择偏好的最主要的二维变量。定位图选择的二维变量，既可以是客观属性，又可以是主观属性，还可以是将两者结合起来的。但无论是选择主观属性，还是客观属性，都必须是“重要属性”。

4. 评估定位选择

里斯和屈劳特曾提出三种定位选择。一是强化现有位置，避免正面打击冲突。二是寻找市场空隙，获取先占优势。三是竞争者重新定位，即当竞争者占据了它不该占有的市场位置时，让顾客认清对手“不实”或“虚假”的一面，从而使竞争对手为自己让出它现有的位置。

5. 执行定位

定位最终需要通过各种沟通手段如广告、员工的着装和行为举止以及服务的态度、质量等载体传递出去，并为顾客所认同。

【定律链接】 市场定位准确是品牌成功的关键

奇瑞 QQ 是现代都市的一道亮丽的风景线，它之所以能迷倒那么多人，与它对市场的准确定位分不开。

奇瑞 QQ 的目标客户是收入并不高但有知识、有品位的年轻人，同时也兼顾有一定事业基础、心态年轻、追求时尚的中年人。一般大学毕业两三年的白领都是奇瑞 QQ 潜在的客户，人均月收入 2000 元即可轻松拥有这款轿车。

许多时尚男女都因为 QQ 的靓丽、高配置和优良的性价比而把这个可爱的小精灵领回家，从此与 QQ 结成快乐的伙伴。

为了吸引年轻人，奇瑞 QQ 除了轿车应有的配置外，还装载了独有的“I—say”数码听系统，成为“会说话的QQ”，使之一度成为小型车时尚配置之最。

据介绍，“I—say”数码听是当年奇瑞公司为用户专门开发的一款车载数码装备，集文本朗读、MP3 播放、U 盘存储等多种时尚数码功能于一身，让 QQ 与电脑和互联网紧密相连，完全迎合了离开网络就像鱼儿离开水的年轻一代的需求。

在产品名称方面，QQ 取自网络语言，意思为：“我找到你。”如此一来，就使得“QQ”突破了传统品牌名称非洋即古的窠臼，充满时代感的张力与亲和力，同时简洁明快，朗朗上口，富有冲击力。

在品牌个性方面，QQ 被赋予了“时尚、价值、自我”的特质，在消费群体的心理情感中注入品牌内涵。

企业通过品牌定位有效地建立品牌与竞争者的差异性，所以在消费者心中占据一个与众不同的位置。在产品越来越同质化的今天，要成功打造一个品牌，品牌定位举足轻重。

品牌的市场定位，就是要确定企业的品牌情感到底是要凝聚在谁的身上。对于大多数做产品的企业来说，这种品牌情感一定是落在需要你产品的那群消费者身上。如果说你的品牌情感不是建立在需要你产品的那群人身上，而是在另外的群体身上，那么你的品牌就没有价值了。

为此，你需要做到以下几点：

第一，找准自己的品牌所面向的人群，比如儿童、青年人等。

第二，着重向目标群体进行宣传。

第三，务必使自己的产品符合你所定位的那个群体的要求。

古狄逊定理：聪明主管和笨主管的距离

【定律阐释】古狄逊定理指一个累坏了的主管，是一个最差劲的主管。虽然一个称职的管理者最好是一个全能者，但一个能力卓越的人并不一定能管理好一家企业，管理的真谛不是要管理者自己来做事，而是要管理者管理别人做事。

聪明主管和笨主管的差别

有一天，一个男孩问迪士尼的创办人沃尔特：“你画米老鼠吗?”

“不，我不画。”沃尔特说。

“那么你负责想所有的笑话和点子吗?”

“也不。我不做这些。”

男孩很困惑，接着追问：“那么，迪斯尼先生，你到底都做些什么啊?”

沃尔特笑了笑，回答说：“有时我把自己当作一只小蜜蜂，从片厂一角飞到另一角，搜集花粉，给每个人打打气。我猜，这就是我的工作。”

童言童语之间，一个亲和的管理者形象不禁映入我们的眼帘。相反，美国著名管理学家哈默却为我们提供了这样一个实例：

哈默有一位客户：日常工作时，他除了要自己对外联络外，还要处理公司大大小小的事情，桌子上的公文一大堆，每天都忙得不可开交。

每次到加州出差，哈默都要约他早上6:30见面。他必然会提前3个小时起床，处理公司转来的传真，做完后，再将传真送回公司。哈默曾与他谈论，觉得他做得太多，而他的员工只做简单的工作，甚至不必动脑筋去思考，也不必承担任何责任与风险。像他这种做法，好的人才不可能留下奉陪到底。而这位客户说，员工没有办法做得像他一样好，只好亲自上阵，忙得焦头烂额。

上面两个故事中，沃尔特和哈默客户的管理风格形成了鲜明对比。沃尔特是一个懂得激励员工、充分授权的领导者，而哈默的客户则是一个不愿信任员工、凡事都要亲历亲为的典型。二者的区别显而易见，而他们二人所处的生活状态自然也大相径庭，沃尔特工作得轻松自如，而哈默的客户却永远忙得团团转而疲惫不堪。

在现实生活中，我们会发现有不少管理者常常忙得焦头烂额，恨不得一天有48小时可用；或者常常觉得需要员工的帮助，但是又怕他们做不好，以致最后事情都往自己身上揽。虽然一个称职的管理者最好是一个“万事通”，但一个能力很强的人并不一定能管理好一家企业。管理的真谛不是要管理者自己来做事，而是要管理者管理别人做事。

这也正是古狄逊定理的精髓所在。这个由英国人古狄逊总结出的定理，明确地指出：“一个累坏了的主管，是一个最差劲的主管。”“古狄逊定理”得到管理界的一致认同，成为经典管理定律。

懂得正确授权才是优秀的管理者

有些管理者把困难的工作留给自己去做，是因为他们认为别人胜任不了这种工作，觉得自己亲自去做更有把握。可即使如此，聪明的管理者要做的也不是自己亲自处理困难的工作，而是发现有能力的人去做这些事。

正如有人说，管理者不应是保姆，而应当是教练。教练式的管理者不是大事小事亲力亲为，而是给予下属最大的成长空间，发现并培养得力的下属。当然，要做一名成功的教练式领导，秘诀之一在于合理地授权，毕竟企业的发展壮大不能光靠一个或几个管理者，而是必须依靠广大员工的积极努力，借助他们的才能和智慧，群策群力才能逐步把企业推向前进。领导者将所属权力的一部分和与其相应的责任授予下属，摆脱能够由下属完成的日常任务，可以使自己专心处理重大决策问题，同时有助于培养下属的工作能力，提高士气。

正确的授权应该包括以下 4 个方面的内容：

(1) 要看重员工的长处。任何人都有长处和短处，如果管理者能够着眼于员工的长处，那么他就可以对员工放心大胆地予以任用；如果只看到员工的短处，那么他就有可能由于担心员工的工作而加倍操心，这样，员工的工作积极性必然会降低。作为管理者，不妨在授权的时候让员工真切地感受到他对员工的信任感。

（2）不仅交工作，还要授权力。领导者将工作目标确定以后，需要交付员工去执行，此时必须将相应的权力授给员工。一般来说，将工作委托给员工去干，这一点是不难办到的，因为这等于减少自己的麻烦；将权力授给员工，就不那么简单了，因为这意味着自己手中的权力被削弱。身为管理者，应该把权力愉快地授给承担相应工作的员工。当然，所授的权力也不是没有边际的。

（3）不要交代琐碎的事情，只要把工作目标讲明白就可以。作为一个领导者，对待员工最忌讳的就是“婆婆嘴”。既然已经授权给下属去做，就不应该再指东指西，使下属无所适从。否则，下属的自主性不易发挥，责任感也随之减弱。

（4）对员工不应放任自流，要给予适当的指导。身为领导者，千万不要以为授权之后就万事大吉了。尽管将权力授予员工，但责任仍在自己。作为一个领导者，将权力授出之后，还应该对员工进行必要的监督和指导。若是员工走偏了方向，就应该帮助修正；若是员工遇到了难以克服的困难，就应该给予指导和帮助。

做到了这些，员工就会死心塌地跟着领导者打拼，省去领导者很多麻烦。与自己万事亲力亲为相比，哪个更好呢？

【定律链接】事必躬亲或许是管理者最大的错

在生活中，我们常常看到许多公司的领导者整天忙忙碌碌，事无巨细地发出详细的命令，员工们为了完成各种文件签字或者命令签署则需要排长队。实际上，根据麦肯锡的调查，每个人一天所做的事情中，至少有 80% 是并不重要的。

为什么经理们宁可自己花费时间亲力亲为做一些并不重要的事情，而不授权给手下人做呢？这是因为他们不懂得授权的艺术。

授权就是将权力授予其他人，使其完成特定的任务，它将决策的权力从组织的一个层级移交至一个更低的层级。如果管理者想使工作落实得更有成效，就必须向下属授权。

诸葛亮在上后主的《自贬疏》中写道："街亭违命之阙，箕谷不戒之失，咎皆在臣授任无方。"诸葛亮忠心耿耿辅助阿斗，日理万机，事必躬亲，乃至"自校簿书"。其对手司马懿一次接见诸葛亮的使者，问诸葛亮身体好吗，休息得怎么样。使者对司马懿说，诸葛亮"夙兴夜寐，罚二十以上，皆来览焉，所敢食不至数升"。使者走后，司马懿对人说："孔明食少事烦，其能久乎！"果然不久，诸葛亮病逝军中，蜀军退师。诸葛亮为蜀汉"鞠躬尽瘁，死而后已"，但蜀汉仍在三国中最先灭亡，仔细分析可知，这与诸葛亮不善于授权不无关系。

西汉著名丞相陈平认为："……宰相者，上佐天子，理阴阳，顺四时，下遂万物之宜，外镇抚四夷诸侯，内亲附百姓，使卿大夫各得任其职也。"作为领导者，必须学会正确授权。诸葛亮为蜀汉丞相，工作勤勤恳恳，每日起早睡晚，各种事务都要亲自处理、亲自过问，以致积劳成疾，过早离开人世。

可见，倘若一个管理者"无权不揽，有事必废"，不愿授权，什么都干，那他会弄得自己的工作也做不好，因此，事必躬亲也就成了他最大的错。

从诸葛亮身上，我们可以将阻碍授权的因素归纳为：对下属不信任，害怕削弱自己的职权，害怕失去荣誉，过高估计自己的重要性等。但问题是：集权就能有效解决问题吗？

“条条大路通罗马”，只要问题能够有效解决，领导大可不必亲自处理烦琐事务，而应授权下属处理。也许在此过程中，下属能够想出更科学、更出色的解决办法。作为领导者的你，也可以不必整天把自己搞得精疲力竭、焦头烂额，而是可以把时间用来做那些更重要的工作，从而提高整体工作效率。

第七章

赚钱：富脑袋才有富口袋

内卷化效应：不断创新，避免原地踏步

【定律阐释】20世纪60年代末，利福德·盖尔茨提出了内卷化效应，指一种社会或文化模式在某一发展阶段达到一种确定的形式后，便停滞不前或无法转化为另一种高级模式的现象。

为什么总是原地踏步

多年前，一位记者到陕北采访一个放羊的男孩，曾留下一段经典对话：

“为什么要放羊？”

“为了卖钱。”

“卖钱做什么？”

“娶媳妇。”

“娶媳妇做什么呢？”

“生孩子。”

“生孩子为什么？”

“放羊。”

这段对话对“内卷化”现象作了令人印象深刻的解释。

多少年来，农民的生存状态没有发生什么改变，这在于他们压根儿就没想到过改变。

“内卷化效应”概念被广泛应用到了政治、经济、社会、文化及其他学术研究中。“内卷化”其实并不深奥，观察我们的现实生活，“内卷化”现象比比皆是。比如在偏远农村，虽然已经改革开放40余年，但有的农民仍然过着“一亩地一头牛，老婆孩子热炕头”的农耕生活。再如，一些家族企业，措施和办法因循守旧，重要岗位总是安排亲人把守，管理哲学是“打仗亲兄弟，上阵父子兵”，用自己的人放心。于是，在企业内部，人情重于能力，关系重于业绩，外部的新鲜空气难以吹进来，真正优秀的人才也吸引不进来。几年过去了，厂房依旧，机器依旧，规模依旧，各方面都没有多大变化。

思想观念的故步自封，使得打破“内卷化模式”的第一道关卡就变得非常困难。整天忙碌的人们，虽然没有站在黄土地上守着羊群，但在思想上是否就比那个放羊的小孩儿高明呢？他们怨天尤人或者安于现状，对职业没有信念，对前途缺乏信心，工作结束就是生活，生活过后接着工作，对“内卷化”听之任之，人生从此停滞不前。

我们身边随处可以看到陷入“内卷化”泥沼的人：老张当了一辈子干事，眼看着身边的人一个一个都升迁了，心里酸溜溜地难受；作家老李，20岁出头就以一篇短篇小说获得了全国性大奖，但是20多年过去了，他不再有有影响力的作品问世，而和他同时起步的同行已成了全国知名作家；老王，技工一做15年，同辈人已升任高工和主管，他却还是戴着一顶技工的帽子……

同样的环境和条件，有的人几年一个台阶，无论是专业能力还是岗位，都晋升很快；而另一些人却原地不动，多少年过去了仍然还在原地踏步。为什么会出现这种现象？人为什么会陷入“内卷化”的泥沼呢？

分析个人的“内卷化”情况，根本出发点在于其精神。如果一个人认为这一生只能如此，那么他的命运基本上也就不会再有改变，生活自此被自怨自艾充斥；如果一个人相信自己能有一番作为，并付诸行动，那么他便可能大有斩获。

“内卷化”的结果是可怕的。大到一个社会，小到一个企业，微观到一个人，一旦陷入这种状态，就如同车入泥潭，原地踏步，裹足不前，无谓地耗费着有限的资源，浪费着宝贵的人生。它会让人在一个层面上无休止地内缠、内耗、内旋，既没有突破式地增长，也没有渐进式地积累，让人陷入一种恶性循环之中。

生活陷入“内卷化”的普通人迫切需要改进观念，而那些成功人士也要更新理念，否则“内卷化”的后果往往更为严重。为什么有些人注定一辈子只能做一个小老板？并非他不想做大做强，而是思想观念停滞在小的层面。小老板需要精明，而大老板不仅需要精明，更需要气度。20 世纪 90 年代，我国的民营企业纷纷进入多事之秋，很多著名企业一夜之间轰然崩塌，其中一个主要原因就是企业管理者的思想观念停在原地，面对国际化接轨、现代化生产的局势，这些企业的负责人还在用小农思想进行管理。在市场中竞争如同逆水行舟，不进则退，这样下去，倒闭是自然的事。

总而言之，一个企业或一个人要想摆脱“内卷化”状态，就要先确信自己是否还有上进的志气。如果有，再看看自己的实力是否强大。精益求精，发挥极限，这样才能最大限度地提升自己。只有充分地发挥自身力量，才能突破和创新，才能在未来的发展中呈现出一片勃勃生机。

不断创新，成功才会降临

不断创新，成功才会降临到你的身上；如果你一直守成不变，那你永远也不可能成功。

日本有一家技术公司，公司高层发现员工一个个萎靡不振，面带菜色。经咨询多方专家后，他们采纳了一个简单而别致的治疗方法——在公司后院用圆滑光润的800个小石子铺成一条石子小道，每天上午和下午分别抽出15分钟时间，让员工脱掉鞋在石子小道上随意行走。起初，员工们觉得很好笑，更有许多人觉得在众人面前赤足很难为情，但时间一久，人们便发现了它的好处，原来这是极具医学原理的物理疗法，起到了按摩的作用。

一个年轻人看了这则故事，深受启发。他请专业人士指点，选取了一种略带弹性的塑胶垫，将其截成长方形，然后带着它回到老家。老家的小河滩上全是光洁漂亮的小石子。在石料厂，他再将选好的小石子一分为二，一粒粒疏密有致地粘在胶垫上。干透后，他先上去反复试验感觉，反复修改了几次后，确定了样品，然后就在家乡开始批量生产这种具有按摩作用的脚垫。他一周之内就为能代销的商店上了货。将产品送进商店只完成了销售工作的一半，另一半则是要把这些产品介绍给顾客。

随后的半个月内，他每天都派人去做免费推介员。商店的代销量稳定后，他又开拓了一项上门服务：为大型公司铺设石子小道，为幼儿园、小学在操场边铺设石子乐园，为家庭铺设室内石子过道、石子浴室地板、石子健身阳台等。一块本不起眼的地方，一经装饰便成了一块小小的乐园。

紧接着，他变换花样，如将单色塑胶垫换成七彩塑胶垫，将普通石子换成珍贵的玉石，以满足不同人士的需要。

800 粒小石子就此铺就了一个人的赚钱之路。

不要担心自己没有创新能力，惠能和尚说："下下人有上上智。"创新能力与其他能力一样，是可以通过教育、训练而激发出来的，并在实践中不断得到提高的，它是人类共有的可开发的财富，是取之不尽、用之不竭的"能源"，并非为哪个人、哪个民族、哪个国家所专有。

因此，人人都能创新。你现在需要做的就是不断激发自己的创新能力，多一些想法，多一些创造，那么成功迟早是会来临的。

尼伦伯格原则：谈判，“损人利己”不如“利人利己”

【定律阐释】该原则由美国著名谈判学家尼伦伯格提出，认为一场圆满的、成功的谈判，每一方都应是胜利者。

成功的谈判，双方都是胜利者

买卖双方针对一笔交易进行谈判时，通常我们会看到，双方都会竭尽全力地维护自己的报价，通常谈判也最容易将焦点集中在价格上。例如，一位精明的卖主会把自己的产品讲得完美无缺，尽量抬高自己产品的身价；而另一位出手不凡的买主也会在鸡蛋里挑骨头，从不同的角度指出产品的不足之处，从而将价格至少压低到对方出价的一半。最后，双方都会讲出无数条理由来支持自己的报价，谈判在无奈的情况下陷入僵局。如果不是僵局，那么通常是一方作出了一定的让步，或双方经过漫长的拉锯战，各自都进行了让步，从而达成一个中间价。

客观来讲，谈判的每一方都在为自己的既定立场争辩，最终通过一系列的让步达成协议，谈判学上称之为“立场争辩式谈判”。这样的谈判方式在生活中很常见，在商场里与店主的讨价还价，商务谈判中的你来我往，甚至工作中的分工协调等，都经常用这种方式来进行。然而在这种双方博弈的过程中，往往会使谈判陷入一种误区。比如双方从一开始就摆出高傲的气势，开出很高的条件，这会将谈判变成一场充满火药味的战斗，从而往往使得最后谈判各方不欢而散，甚至破坏了今后进一步合作的机会。

谈判各方都是为了自己的利益而来的，没有人愿意答应对方损人利己的方案。要想取得谈判成功，最好的方法是让各方都能尝到好处。“成功的谈判，双方都是胜利者”，这就是著名的“尼伦伯格原则”。另外，谈判各方所追寻的利益不一定完全相同，这也为谈判的成功带来了机会。即使存在利益冲突，聪明的谈判家也总会从中找出某些共同的利害关系，作出一个公平的“双赢”方案。

有这样一则寓言故事：

> 有个人在野地里转悠，碰到了一只狐狸，他便十分亲热地对它说：“可爱的狐狸，你身上的皮实在漂亮，不如把皮献给我。”他的话刚一说完，狐狸吓得转身窜进山里去了。
>
> 这个人又在路上遇到了一只羊，便立即对羊说：“我现在正打算做一桌上好的酒菜，请你为我献上你身上的肉。”他的话还没说完，羊飞也似的逃进树林里躲起来了。

这则故事说明，如果所谋求的东西直接危害对方的利益，对方是不可能答应的。经济学认为，人都有利己之心，都以获得自己的最大利益为根本目的。但与人谈判不能忽视一个基本前提，即利己不损人。

实际上，谈判与合作有着密切的联系，尤其在商务活动中，几乎各方都是抱着合作的目的来谈的，即使心怀鬼胎，也会打着合作的旗号。在唇枪舌剑中，精明的谈判方会时刻寻找机会，使得局势朝着有利于自己的方向发展，有时甚至不惜代价地给对方设置“陷阱”。

日常生活中又何尝不是如此。占了别人一次便宜后，沾沾自喜，他的形象会大打折扣，别人也会对他小心提防。相反，在僵局中，一个人一次慷慨退让的举动，会为他赢得更多的口碑以及未来的机会。绞尽脑汁地置对方于不利，何不设身处地地寻找一个共赢方案，为今后共同获利的长期合作打下基础。

当然，我们很难确定对手是抱着共赢的态度来谈判的。“防人之心不可无”，在这种情形下，不要让自己的意图过于暴露，而给对方机会；也不要摇摆或放松自己的立场，而让对方有机可乘。这样，如果能警惕对方的“陷阱”，同时不忘为“共赢”创造条件，你就是“谈判桌”上真正的赢家了。

变对手为队友，实现谈判的至高境界

《孙子兵法》里说，百战百胜，并不是能耐，不战而屈人之兵，才是最高境界。在谈判中，变对手为队友是一种难得的谋略。

李平是一家通信公司的推销员，在与客户接触了一段时间之后，客户对他们的产品十分满意，但是在价格上却毫不让步，希望他能再降几万，否则的话，这桩生意就很难做成。客户很委婉地跟李平说："我知道你们的通讯设备在水平、品质上都是一流的，这是我们公司内部都认同的，没有任何争议，所以老板吩咐我再与你们谈一次。可是这个价格确实比其他公司的价格贵了一倍以上，你让我们怎么决定呢？"

听完客户的话，李平急忙辩解："王总，一分价钱一分货，便宜的不一定是好货，产品质量摆在那里……"

还没等他说完，客户立即打断了他的话："小李，这个我们知道，不然的话早就给其他公司下单了，也不会这么大老远地跑过来找你谈。"

看到对方话软，李平也立即找了个台阶下："这样好吧，王总，到底什么价位您可以接受？您给我一个数吧，可要是差太多，那您就让我为难了。我们干销售的也不容易啊！"

"降10万这个要求不算过分吧？"

听了王总的话，李平从微笑到夸张地笑。王总先是有些诧异，接着心里也有些打鼓，毕竟他也想达成这项合作："到底怎么样？成不成，给个话？"

李平不愧是销售界的老手，他定定地看着客户："您的要求绝对不过分，我要是您，肯定比您还要狠。您是甲方，您的要求就是我们做乙方的首要义务。不过，我也是靠销售吃饭的人，也就是说您决定着我们这些推销员的工资。您也知道，我们是没有决定权的。我给您请示一下经理，您看成吗？"

客户其实也有一些焦急："那什么时候可以得到答

复？我们现在手里的单子也积压了好久，就等着设备呢，要不你现在就去把你们经理请出来，咱们一起吃个午饭，边吃边谈？”

听到这话，李平也很真诚地对客户说：“王总，其实我就老实跟您说吧，我比您还想做这个单，如果您给其他公司下单完成您的任务，我可就惨了。所以这个单我们一定要想办法定下来。待会儿吃饭的时候，您一定要对经理说好话，告诉他明年你们在深圳开分公司，这次定了，下次还会再合作，或者您也可以说你们的生意伙伴也有需求。这样说就算是帮帮我吧，成吗？”

一顿愉快的午餐之后，经理同意了7万元的让价，客户推荐了3个合作伙伴，双方各取所需，都得到了想要的，实现了令双方都满意的双赢。

在谈判中，最常见的情况就是，潜在客户在沟通一段时间之后，会在多家供应商之间进行权衡比较，这是谈判最关键的一个阶段。在这个阶段，客户会通过降低供应商价格来实现利益最大化的目的。在这个案例中，客户首先提出的就是要求供应商降价，小李开始时使用的是很常见的方法，竭力解释自己的产品比其他公司的好，这些都是基于顾客能得到的利益陈述的。但是，由于客户已经完全认可了这些利益，因此，让客户接受价格再次使用这些方法就无效了，所以客户打断了小李的陈述。

陈述遇到挫折后，小李迅速转换示弱又赞同客户观点的方式，得到了客户一定程度上的同情。

总之，在整个过程中，小李有效地应用了示弱、赞同、争取理解、获得同情等谈判技巧，最终成功实现了签单的目的。

【定律链接】谈判收尾五大策略，其实双赢很简单

就像买衣服一样，我们把商贩的期待降到 50 元，最后以 60 元成交，这时他会觉得很高兴，这就是一个好的收尾。一般谈判的收尾，一定要记得“赢者不全赢，输者不全输”的定律，这样才会使合作继续保持，不至于成为一锤子买卖。

假如今天一个公司有旅游活动，有一批人要去山边，有一批人要去海边，假期只有 3 天，上山就不能下海，下海就不能上山，这是典型的资源分配问题。为了让同事们彼此联谊，不能兵分二路，因为这样不熟的人将永远不熟，达不到联谊的目的。另外，也为了公司的团结，老板规定旅游活动的地点不能用表决的方式决定，因为一表决就把同事们分成了两派，反而形成对立，所以一定要通过协商，让大家都一致同意才行。这题该怎么解？

第一种方法：增加资源法

如分大饼，大家都想多分点的时候，最直接的方法就是把饼做大一点。如果能把假期累积成一个星期，那么就可以一半时间去山边，一半时间去海边。

有人说：“这可能吗？”我们的答案是：“不试你怎么知道不可能？”任何谈判都一样，不要先想怎么分，而应先想怎么创造新的东西出来，让大家都可以多分一点。

第二种方法：“交集法”

我们让到山边和海边的人，为山边、海边下个定义：山边的好处是什么？海边的好处又是什么？想上山的人可能说：

我要做森林浴、吃山珍野味等；想去海边的人可能说：我要玩水、吃海鲜等。

这时我们可以略加调整，问去海边的人："'海鲜'能不能改成'虾'？"如果他没有异议，那我们就可以找到同时有"森林浴、山珍野味、玩水、吃鱼虾"的地方——湖边。

第三种分法："切割法"

比如想上山的人本来想住小木屋，想去海边的人想住五星级大酒店。于是想上山的和想去海边的说："如果你们答应去山边，我们放弃小木屋，改住五星级大酒店，好不好？"住宿地点听你的，度假地点听我的，这就是切割。事实上"度假"一事可切割的还不只是地点和住宿，它还可以切割出交通、经费等细项。切割得越细，可以交换的东西越多。

第四种分法："挂钩法"

如果想上山的人认为，去山边的目的就是住小木屋，如果去住五星级大酒店，还有什么意思，所以不能切割。如果不能切割，他就可能得把别的东西放在桌上一起谈："好啦，如果你们能答应我们去山边的话，过去我们两个单位不是争过一套20万的办公室软件到底该谁出钱吗？那就我们这边出好了，这样好不好？"办公室软件和度假本来风马牛不相及，但为了让谈判有进展而把它们放在一起，这就叫挂钩。

第五种解法：减少对方让步所付出的成本

如果最后是去海边的人获胜，那他们一定要花点时间去了解，为什么那批人一定要去山边？可能后来他们会发现，去山边的人除了"仁者乐山"之外，还因为山边便宜，海边太贵。这时去海边的就应该想想，原来想住五星级大酒店，现在可不可以改住三星级的，比较便宜？能减少对方让步的成本，也会让对方感觉好些，比较能接受谈判结果。这就是收尾的功夫。

这五种谈判方法可以适用于任何场合，无论是商务谈判还是劳资谈判，只要熟用这些方法，都可以达到双赢的目的。

72 法则：找对时机，让资产翻倍

【定律阐释】72 法则用作估计将投资倍增或减半所需的时间，反映出的是复利的结果。计算所需时间时，用 72 除以预料增长率即可。投资理财如果能运用好复利，往往可以事半功倍。

资产翻番需要多少时间

2005 年王先生 30 岁，在年初的时候他投入 10 万元为自己建立了一个退休养老账户，这个账户每年的投资回报率是 9%，那么他的养老金账户的增值情况如下表。

年龄	30 岁	38 岁	46 岁	54 岁	62 岁
财户资产	10 万	20 万	40 万	80 万	160 万

为什么我们会得出这样一个结论呢？这样的账户资产是怎么计算出来的呢？从这个图表中，我们可以看出一个规律：每 8 年王先生的账户资产就会翻一番，而 9% 的投资回报率与账户资产翻番的年限乘积永远都是 72。也就是说，用 72 除以投资回报率之后的数据大概就是账户资产翻番的年限。这就是经济学中著名的“72 法则”。

通过运用“72法则”，我们可以计算出王先生的账户每8年会翻一番：72/9 =8 年。由此我们可以看出，在王先生62岁的时候，他的养老金账户已经增值到160万元，比最初的投入增值16倍。如果王先生到38岁（晚8年）才建立自己的养老金账户，那么到62岁时，王先生的账户只有80万元，前后有80万元的差别！因此我们说：投资应该尽早，这样我们才可以在同样的年纪收获更多的财富。

所谓的“72法则”就是以1%的复利来计息，经过72年以后，你的本金就会变成原来的1倍。这个公式具有很强的实用性，例如，利用5%年报酬率的投资工具，经过14.4年（72/5）本金就变成原来的1倍；利用12%的投资工具，则要6年左右（72/12），就能让本金翻番。

如果你手中有100万元，运用了报酬率15%的投资工具，你可以很快知道，经过约4.8年，你的100万元就会变成200万元。

虽然利用72法则不像查表计算那么精确，但已经十分接近了，因此当你手中缺少一份复利表时，记住简单的72法则，或许能够帮你不少忙。

72法则同样还可以用来算贬值，例如现在通货膨胀率是3%，那么72/3 =24，24年后你现在的1元钱就只能买5毛钱的东西了。

从小就喜欢数学，长大之后充分利用自己这一优势而成为一名投资者的崔益铉说：“‘72法则’是很容易计算出复利的数学法则，采用复利收益率去投资，从某种观点来看，投资成本在不久的将来会翻一倍。”

学会活用“72 法则”，对投资来说，是相当重要的一件事情。在这里，还有更重要的一点，那就是很多人在投资时，总是很注重投资目标时间和目标收益。为了达到目标时间获得目标收益的目的，他们会利用“72 法则”，算出自己应该投资复利率多少的投资品种，以便决定投资品种。

长期持有，复利增长的魅力

长期持有具有持续竞争优势的企业股票，将给投资者带来巨大财富，其关键在于投资者未兑现的企业股票收益通过复利产生了巨大的长期增值。

巴菲特的每一项投资所要寻求的是最大的年复利税后报酬率，他认为借由复利的累进才是真正获得财富的秘诀。那么，为什么复利的累进可以帮助你变得富有呢?

假设你有 10 万美元，分别在 10 年、20 年和 30 年期间，以 5%、10%、20% 的比率，在不考虑税负循环复利累进的情况下，该笔钱循环复利所能累进的价值，仅仅是 10% 的差异，对投资人的整体获益就会有惊人的影响。你的 10 万美元，以每年 10% 的获利率经免税的复利累进计算，10 年后将会价值 259374 美元，若将获利率提高到 20%，那么 10 万美元在 10 年后将增加到总值为 619173 美元，20 年后，则变成 3833759 美元。持续 30 年，其价值会增长到 23737631 美元，是一个相当可观的获利。

很小的百分比差异在很长一段时间所造成的差异也是令人吃惊的。投资人的 10 万美元以 5% 的免税年获利率计算，经过 30 年后，将值 432194 美元；但是若年获利率 10%，30

年后，10 万美元将值 1744940 美元；倘若年获利率再加 5%，即以 15% 累进计算，30 年后，10 万美元将增加为 6621177 美元；若再从 15% 升到 20%，你会发现，30 年后 10 万美元将会增加到 23737631 美元。

作为一般投资者，在长期投资中，没有任何因素比时间更具有影响力了。随着时间的延续，复利将发挥巨大的作用，为投资者实现巨额的税后收益。

复利的大小由时间的长短和回报率的高低两个因素决定。两个因素的不同使复利带来的价值增值也有很大不同：时间的长短将对最终的价值数量产生巨大影响，时间越长，复利产生的价值增值越多；回报率对最终的价值数量有巨大的杠杆作用，回报率的微小差异将使长期价值产生巨大的差异。以 6% 的年回报率计算，最初的 1 美元经过 30 年后将增值为 5.74 美元；以 10% 的年回报率计算，最初的 1 美元经过同样的 30 年后将增值为 17.45 美元。4% 的微小回报率差异，却使最终价值差异高达 3 倍。

巴菲特对 10% 与 20% 的复利收益率造成的巨大收益差别进行了分析：1000 美元的投资，收益率为 10%，45 年后将增值到 72800 美元；而同样的 1000 美元，在收益率为 20% 时，经过同样的 45 年将增值到 3675252 美元。从巴菲特 1965 年开始管理伯克希尔公司至 2005 年，40 多年来，伯克希尔公司复利净资产收益率为 22%，也就是说巴菲特把每 1 万美元都增值到了 2593.85 万美元。

因此，投资具有长期持续竞争优势的卓越企业，投资者所需要做的只是长期持有，耐心等待股价随着公司成长而上涨。投资者不必害怕大盘会跌，因为股市从中长期来看是大牛市；同时不管是在牛市中还是在熊市中，都有内在价值被市场低估的股票，这正是投资机会之所在。所以，我们要做的就是找出那些能够长期持有的价值型公司，不为眼前短期的波动所影响，长期持有，借助复利的威力，最终我们也会获得很高的收益。

【定律链接】基金短线赎回难享复利效应

林奇的麦哲伦基金从1800万美元的名不见经传的小基金成长为120亿美元的全球最大基金，13年的时间里基金收益高达29%年复利。从林奇投资的业绩，我们可以看出，基金长期投资能产生很大的复利效应。如果对基金像对股票一样做短线波段操作，很难享受复利带来的好处。

1. 基金不适合做波段

华尔街流传着这样一句话："要在市场中准确地踩点入市，比在空中接住一把正在落下的飞刀更难。"股市尚且如此，基金投资的波段操作难度就更是可想而知了。林奇也有这样一句名言："买基金跟减肥一样，决定最后结果的是耐力，而不是头脑。"考察一只基金和一个基金公司的优劣，一般至少需要3年时间。投资基金应获取长期稳定的收益，马上见效是不可能的。所以说，基金投资是不适合做波段的。

在基金投资上，投资者已经选择了让基金经理来帮你理财。当大盘涨到一定幅度、市场出现调整信号时，基金经理已经在做调仓、换股规避风险的操作了，而投资者在这时再自己做波段，是不是难上加难？牛市的特征是快跌慢涨，但总体趋势是向上的。牛市做波段操作，抛出点或买入点踩不准，不是踏空就是增加投资成本。所以，牛市应该做长线，不急着等钱用就放着。

“股指要调整了，还是赎回一些，等到股指见底了再买回来。”这种基金投资策略看似合理，但是投资者有预测股指走势的能力吗？股指下跌多少，才能判断出股指要调整了，而不是短期波动？往往在股市已出现比较明显下跌的情况下，投资者才能判断出股指可能要进行调整，这时再去赎回，很可能卖了个低点。

2. 复利效应非常惊人

一位基金公司市场部负责人用客户的一个实例证明进行波段操作的投资策略是错误的。2006 年初，公司某基金净值突破 1.2 元后，大量投资者赎回基金，短线实现利润。但赎回并未阻挡净值快速上涨的步伐，也迫使投资者认识到，不投资的风险更大。在基金净值超过 1.5 元时，投资者才大量申购，中间已损失了 0.3 元的涨幅。该基金净值在 2006 年六七月间达到阶段性高点，接近 1.9 元，后来的回调又让短线操作的基金投资者心惊胆战，在基金净值再次反弹到 2 元附近过程中，大量资金撤离了该基金。但基金后来的表现必将让这些投资者后悔不已，在不到两个月的时间内，基金又涨了 50%。2006 年初到 2007 年 1 月 19 日，该基金净值已涨了两倍多，但如果进行以上的波段操作，收益率可能只有 60% 左右。

也许有投资者认为，波段操作得到 60% 的收益也能令他满意，但是股市不可能经常重演 2006 年的盛况，基金也很难复制一年净值翻倍的业绩。从表面上看，这样的操作在短期内也许的确能获得高于持续持有股票型基金的投资回报。问题在于，如果我们从更长的时间来看待波段买卖股票型基金，就可能得出完全不一样的结论。

3. 波段操作减少 697% 收益

1965 ~2005 年的 41 年的时间里，“股神”巴菲特管理的基金资产年平均增长率为 21. 5% 。按照复利计算，如果最初有 1 万元投资，在持续 41 年获取 21. 5% 回报后，你拥有的财富总额将达到 2935. 13 万元。

若采取波段操作方法来投资股票型基金，即在 41 年里有 21 年持有股票型基金，其余 20 年持有现金。假设通过波段操作可以在持有股票型基金的年度中取得每年 30% 的收益率，同时假设持有现金的年度收益率为 2% ，那么，按复利计算，在 41 年之后最初 1 万元的投资只能变成 368. 12 万元。显而易见，因为波段操作，原来可获得 2935. 13 万元的财富增值变成了 368. 12 万元，减少了 697% 的收益。

一句话，投资基金是长期的行为，没有必要整天考虑赎回的事，时时关心涨跌。在基金市场上，天道不酬勤。

阿尔巴德定理：抓住顾客需求，才能赚到钱

【定律阐释】阿尔巴德定理是指一个企业经营成功与否，全靠对顾客的要求了解到什么程度。看到了别人的需要，你就成功了一半；满足了别人的需求，你就成功了全部。该定理是由匈牙利全面质量管理国际有限公司顾问波尔加·韦雷什·阿尔巴德提出的。

从“埋头搞技术”到“抬头看市场”

任何企业在进入一个新市场时，了解顾客的切实需求是关键环节。只有充分了解顾客的需求特性心理等因素，才能有针对性地制定产品价格、销售网络、服务体系等方面的策略。

企业要想在激烈的市场竞争中取得优势，就必须使自己的产品具有竞争力。而企业把握好顾客需求是其赢得市场、求得生存的关键因素，只有能最大限度地满足顾客需求的产品才能立于不败之地！

有人做过这样一个统计，《财富》评选的500强企业中，大约20年就有1/3从名单中消失了，尤其像微软、英特尔这

类著名的高科技公司，20 年前有的甚至没有成立。是什么导致一些企业大幅度起落？为什么有些公司能够保持持续增长，而另一些企业却因四面楚歌悄然退出历史舞台了呢？其中一个很重要的原因就是没有合理地把握顾客需求，没有调整好竞争策略。

单纯地强调企业的自我强大，强调如何攻击对手，强调市场份额，已经不能使自身的竞争力有所提高。竞争格局的变化远远比战争格局的变化要丰富得多，胜利也不仅仅表现在利润指标上，或将对手压倒在自己的市场份额或销售量上。击败对手与创造利润并没有必然的联系，过分强调击败对手的结果只能把注意力集中到价格上，而忽视了价格的终端，也就是消费者。

因此，纵观近期企业战略思维发生的转变，一个很明显的事实是，一批高增长公司几乎都不再关心与对手的较量或击败对手，而是紧紧地把握住顾客需求和顾客心理。

立足需求，发现商机

随着商品经济日益成熟，市场大，能人多，谁的脑袋都不比别人笨，因而生意场上的各个领域、各个行业，都已经被人折腾了个底儿朝天，要想找一个未经开发的新行业，比大海捞针还难。因此，发现潜在商机就显得十分宝贵。

潜在的商机在哪里呢？其实，所谓的商机就是消费者的需求，只要有需求，就会有商机。如果把市场看成是由一些圆圈组成的话，那么，这些圆圈间必然存在一些“缝隙”，没有被完全包括和覆盖，这些缝隙，就是由消费者需求带来的商机。难怪经营大师总是告诫那些在市场上找不着“北”的淘金者：市场如布，不会“天衣无缝”，商家似针，总可以插入别人难以发现的缝隙中。一道小小的市场缝隙，往往就是一片广阔的新天地，谁先寻隙而入，谁就会成为赢家。

每位经商者都希望自己的产品在市场上畅销，但是怎样才能做到呢？方法很简单，就是使它满足社会生活一部分的需要。世界上第一台自动书法机诞生的过程或许会给你以启迪。

一天，谷野来到一家百货公司给朋友邮购礼品。按惯例，他应该在礼品盒上写上几句恭敬的语句，但谷野不擅长书法，只好请店员代笔。一位店员小声嘀咕道：“已经卖了100多份礼品了，要是每个都要我们代笔，可够麻烦的！”另一位店员附和着说：“是啊，如果有一台自动书法机就好了。”

说者无心，听者有意。谷野心头一动，这不是一个很有价值的市场需要吗？可是这个信息是否准确？谷野调查了十几家百货公司，了解到：日本的礼品市场年销售额达几千亿日元，每个人每年要送几十份礼品，每份礼品都要写上诸如“年贺”“御祝”“中元”等美好的祝语，而真正擅长书法的人却寥若晨星，许多商店只好请书法家代写，聘金贵得惊人。谷野估计了一下，如果包括每年成千上万张贺年片，那么对书法的需要将相当可观。不久之后，第一台书法机诞生了，并在市场上一炮打响。

可以说，大千世界，尚未开发的市场无时不有、无处不在，各种各样的生财机会很多，关键看商家能否立足市场需求，练就一双敏锐的“市场眼”和观察市场、分析市场的能力。可以这样讲，如果经营者多动脑筋，多一点开拓市场的钻劲儿，何愁不能把握商机、驾驭市场呢？

多关心看似不起眼的零散信息，往往能带来商机。现代社会是信息社会，大家获取信息的渠道都差不多，精明之人就要广辟信息渠道，发掘获取最有价值的信息。零散信息便是获取商机的一种重要渠道，它指的是信息的内容尚未经专门机构加工整理就直接作用于人的感觉，如一句“闲话”、一丝“灵感”、一个“点子”等。这种零散信息产生于日常生活之中，流淌于百姓大众之间，不费一钱一物，因为其非正规、非主流的特性，决定了它不被多数人重视的结果，但实际上它可能产生的价值却不可小视。

欧元的流通让温州人大赚了一笔，听起来有些荒唐，然而事实确实如此！原来欧洲各国使用的货币的票面比欧元短，加长的欧元放不进欧洲人的钱夹子，所以欧元流通之日，就是欧洲人更换钱夹子之时，这就带来了挣钱的机会。要不怎么说温州人精明呢，从看似与自己毫不相干的事情中抓住了商机，通过钱夹子的生意，让欧洲人的钱进了温州人的钱夹子。

足见，商机并不难找，只要你能抓住消费者的需求。

【定律链接】 顾客体验经济时代

“欢迎来到体验式经济时代！”

这是美国战略地平线 LLP 顾问公司的创始人帕恩二世和

吉尔摩在《哈佛商业评论》中对体验经济时代的肯定。在《体验经济》这本书中，帕恩二世从经济学的角度把人类历史分为物品经济时代、商品经济时代、服务经济时代和体验经济时代4个阶段。

与此4个阶段相对应的经济价值演变过程，分别表现为物品、商品、服务和体验4种形式。当一种经济形式发展到一定程度的时候，下一种经济形式便开始萌芽发展。随着服务业越来越迅速地扩张，“体验”也开始被越来越广泛地提起，如今它已经触及不同行业，尤其是与终端消费者有直接联系的领域。

现在的体验经济，被认为是继农业经济、工业经济和服务经济阶段之后的第4个人类的经济生活发展阶段，或称为服务经济的延伸。从工业到农业、计算机业、因特网、旅游业、商业、服务业、餐饮业、娱乐业（影视、主题公园）等，各行业都在上演着体验或体验经济，尤其是娱乐业已成为现在世界上成长最快的体验经济领域。

由农业经济、工业经济和服务经济到体验经济的演进过程，就像母亲为小孩过生日、准备生日蛋糕的进化过程。在农业经济时代，母亲是拿自家农场的面粉、鸡蛋等材料，亲手做蛋糕，从头忙到尾，成本不到1美元。到了工业经济时代，母亲到商店里，花几美元买混合好的盒装粉回家，自己烘烤。进入服务经济时代，母亲是向西点店或超市订购做好的蛋糕，花费十几美元。到了今天，母亲不但不烘烤蛋糕，甚至不用费事自己办生日晚会，而是花100美元，将生日活动外包给一些公司，请他们为小孩筹办一个难忘的生日晚会。这就是体验经济的诞生。

第八章

消费：消费有讲究，否则被消费

折扣效应：低折扣背后，藏着高门槛

【定律阐释】折扣效应指在商场里，卖方按原价给予买方一定百分比的退让，即在价格上给予适当的优惠，也就是我们常说的“折扣”，从而诱使消费者再次消费。由于存在这些折扣，消费者多会感到既然买东西都会被宰，被少宰一点，总是好一些。渐渐地，人们也就接受了这样的销售模式。

究竟谁诱惑了你

情人节之际，章先生到花店买玫瑰（平时玫瑰2元一朵，情人节标价20元一朵）。

章先生想：花虽贵，但不能不买，而且，买少了面子上挂不住，买多了又费银子。

正在犹豫，店家走了过来，问：“先生，买花啊?”

章先生：“嗯……这……咳咳，这玫瑰能不能便宜点?”

店家笑道：“送女朋友吧?追女孩子怎么能怕花钱呢?若是因为这一大束花，换来了你的幸福，那可是太划得来了!”

章先生犹豫不决……

店家接着说："要不这样吧，您在我这里办张会员卡，我给您五折优惠。"

章先生说："啊？有这个必要吗？"

店家惊讶地说："怎么没有啊，谁家红白喜事不送花？以后用得着的地方多着呢！"

章先生想想也对，就办了张卡，买了束花。

生活中，我们常常会遇到这样的事，明知打折是商家给我们挖的坑，然而我们还是照跳不误。是商家得了便宜还卖乖的表演——"我已经赔了，看在老乡的分上就权当我给你捎一个了"——让我们心软了，还是我们天生就是上当的主？

商家的软磨硬泡之所以能频频奏效，恰恰是利用了我们是理性经济人的特点，即追求实现自己的利益最大化。

在商场里，经营者以种类繁多的商品吸引消费者，再用昂贵的价格获取利润，而为了能获得更多的交易机会，他们会适当地给予消费者折扣。因为存在这些折扣，消费者多少会感到心里舒服些，既然买东西都会被宰，被少宰一点，总是好一些。渐渐地，人们也就接受了这样的销售模式。这就是所谓的折扣效应。

所谓折扣效应，是指卖方按原价给予买方一定百分比的退让，即在价格上给予适当的优惠，从而诱使消费者再次消费。

把顾客的腰包掏空，是这个追逐利润时代的主流思想。人们都想赚钱，都想变着法地从周围的人口袋里掏钱。打折，就是这样的一个从别人口袋里"掏钱"的方法。无数的商场店家，无不用折扣券、会员卡来吸引消费者，且屡试不爽。消费者捂紧钱包，也很难逃过狡猾的商家设下的一个个圈套。滑稽的是，有时候消费者不仅不对此感到厌恶，还对此非常钟情。

> 美国 P&G 公司曾经实行过“折扣券”制度，对积攒、保存、出示“折扣券”的顾客（往往都是收入较低的顾客）采用比较优惠的价格。1996 年，该公司以区分消费者需求弹性成本太高之名要取消此种制度。结果，经常来光顾的顾客火了，一纸诉状将它告到了纽约州司法部，最后，P&G 公司被强制要求继续执行“折扣券”制度。

折扣效应让消费者对产品的价格更加敏感，也蒙蔽了消费者，它让人们光看到自己在某一次消费中少花了多少，而没有看到已经为之付出的和将来还要为之付出的代价。有人在消费某些奢侈品的打折优惠时，感到非常满意，却没想到，商家这招用的是“放长线，钓大鱼”，不看眼前蝇头小利，注重的是长期利益。

这一技巧性的方法被广泛地应用在商业竞争中，可是，人们却无法用法律来对其进行规制和定性。折扣效应一直存在，大至房屋建筑，小至家居杂物，无论在哪里，我们都会听到这样的声音——“本店可办会员卡（送优惠券），购物满 100 享受八五折！省钱！实惠！您还等什么！”不知道那些“折价生意”背后，到底是谁笑了。

打折的背后——利润上涨

如今的市场促销手段中，最吸引人眼球的莫过于“打折”这两个字了。每逢节假日，商场的促销手段便纷至沓来，令人眼花缭乱。消费者平日工作忙，只有在这个时候才有时间出来采购。精明的商人自然不会错过这个赚钱的好机会，你会发现只要是你要买的东西，全在打折。有的人经受不住打折的诱惑，一看见这两个字便想掏钱抢购。

打折的手段花样繁多，最直接的就是在商品价格栏上贴上“五折优惠”的标签，此外还有“满 200 元立减 100 元”“买一送一”“满 200 元送 100 元”等促销口号，外加“跳楼价”“放血大甩卖”等惨烈的字眼，目的只有一个，让消费者一看里面全是实惠，赶紧到我这来买。

时间长了，“打折”的新鲜感退去了，人们不禁会心有疑问：难道市场真到了“无处不打折，鲜见原价格”的地步了吗？

有的商场几乎天天打折，打折广告接二连三，打折花样不断翻新。有时全场打折，有时部分商品打折，有时分楼层打折，有时按专柜打折，逢年过节打折，喜庆活动打折，某类产品专项打折，仿佛看不到不打折的时候，商家把利润全给了消费者，难道他们不过了吗？

天底下没有免费的午餐，商家也不会做赔本的买卖，商家对利润的敏感犹如苍蝇嗜血的本性。每一个打折的背后都打了一笔精明的小算盘。

“打折”只不过是商家用来招揽顾客的幌子，其背后仍是利润的赚取。由于商品定价投放是商家的自由，所以商家往往将商品的价格提升一些，然后再推出打折广告。如此一来，不仅能吸引更多顾客，而且会赚到更多利润，不会赔本。

进一步来分析，商家的成本由固定成本和变动成本两部分组成。固定成本是相对于变动成本来说的，指总额在一定时期和一定的业务量范围内，不受业务量增减变动的影响，并能保持不变的成本，例如厂房建筑、机械设备、卖场租金等都是属于固定成本范围。变动成本则与固定成本相反，是指成本的总发生额随着生产或业务量的变动而呈线性变动的成本，例如工人的工资等。这两者构成了生产商品所需的总成本，而每件商品平均摊到的总成本就是平均总成本。

在市场经济条件下，产品成本是衡量生产消耗的补偿尺度，企业必须以产品销售收入抵补产品生产过程中的各项支出，才能确定赢利。所以，只要商品的出售价格高过了平均总成本，商家就能获利。商家就是通过精心计算，使打折之后的价格仍然能够高过平均总成本。另外，销量的增加，甚至可以使他们获得比平时更高的利润。

从商家的角度来说，产品怎样定价、怎样投放是商家的自由，折扣只是商家的一种促销手段，并没有侵犯消费者的切身利益。所以，我们并不能影响商家的这种行为，只能在愈演愈烈的打折背后保持清醒，做一个理性的消费者。

此外，商家若没有让利的诚意，折扣不能给消费者以真实惠，一味地隐瞒消费者，从长远来说会有损商家的声誉。商家若想获得长远的顾客，就应该实行明折明扣，使产品的价格透明化、公开化，使消费者能够明明白白地获得让利。

【定律链接】增强对“打折”的抵抗力

很多人在商场购完物结账时从不看小票，等走在回家的路上时才犯嘀咕——怎么花了这么多钱，我买的很多商品都是打折的啊……等拿出小票细看时，才发现很多商品的价格并非自己原来在货架上看到的价格，并非所谓的特价商品。

这到底是怎么回事呢?

“打折”商品却按“原价”收费，到底是自己眼花了还是商家灌你“迷魂汤”了？现在就借你一双“火眼金睛”，让你看清商家玩的那些“躲猫猫”的把戏。

1.“特价”商品照样按原价结算

明明是“特价”商品怎么能还按原价结算，这不是故意欺诈吗？如果你发现得早，赶在结算之前，收银员会以“工作人员贴错标码”了、“货物放错货架”了或“你看错了”等为由来敷衍你；但是如果你发现得晚，过于相信电脑的零失误率，也不太留意结算时的电脑小票，等你反应过来下次去商场理论时，商家往往会以“特价活动已经结束，现已恢复原价，只是标价牌还没及时更换”为由拒绝返还差价。

2. 故意以“打折”商品诱惑消费者，实则仍是原价，甚至比原价还高

节假日、换季时各大商场打折、优惠、购物抽奖的广告扑面而来，吹得你头晕目眩，吹得你直掏腰包捡“实惠”。“买100元送60元”“买300元减100元”、一折区、二折区、三折区……不少服装店贴满了各种醒目的“黄条”，告诉你他们在“挥泪大甩卖”，只剩“最后三天清仓”了，错过时机你就再也捡不着这样的“实惠”了。他们惯用的伎俩就是在商品上贴上“原价4000元现价1000元”之类的标签来达到促销的目的。一个服装行业的朋友就曾经自吐苦水地说：“没办法啊，现在大家都搞这样的噱头，消费者就喜欢看这样的字眼，

我们这样写也是为了生意啊，哪有不赚钱的生意……”是啊，哪有不赚钱的生意——这才是商家打折真正的目的所在——打折等同于利润，减价实为涨价。

3. 将原价商品故意标为“特价”出售

为吸引消费者注意，商家将一些原价商品故意标为“特价”商品售卖，并以“特价商品概不退换”来制造假象让消费者相信这是最省钱的“白菜价”了，你要不赶快抢这块“肥肉”，很快就被别人捷足先登了。等你花了这“白菜价”的钱后，你才发现其实这“白菜价”水分太多，但是商品一旦出售，“概不退换”，消费者是捡便宜还是吃亏了，难得糊涂一次吧！

4. 在“打折”区域中摆放原价商品来混淆视线

很多超市经常在醒目位置设置“特价”区域，堆放一些特价商品，同时也将一些原价商品放入其中。消费者一般不会仔细查看每件商品的标签，等到结算时才发现所购买的“特价”商品其实是原价商品。但看看排了这么长时间的队等待结账，也只好自咽苦水地买下，谁让自己不仔细看清楚呢！

有些商家就是摸透了消费者的这些心理，借“打折”“减价”之名，行“欺诈”之实，这对消费者非常有“迷惑性”。当我们兴高采烈地消费时，却不知不觉地投资了零售业、服装业……不知不觉地沦为一个“商品奴”。

选择性供给效应："最低消费"未必消费最低

【定律阐释】选择性供给效应是指商家在为消费者提供服务的过程中，一般都对顾客有一个基本的消费额预期，不到这个预期值的顾客，不是他们的目标顾客。比如，很多商家会对顾客的消费提出一定的限制条件，如最低消费等。

有争议的最低消费

中央电视台曾针对北京市政府禁止饭馆向顾客强行摊销"最低消费"的事情录制了一期电视节目。在节目里提到，生活中，许多餐厅酒店、娱乐场所等地方都能看到"顾客最低消费××元"的标示，由于不是一家两家，而是有一批这样的商家，结果这样的规定就被戏称为是餐饮娱乐业的"潜规则"。

在外企工作的林先生对朋友抱怨说："都说消费者是上帝，但上帝消费多少还要饭店来定，太可笑了。"此类的抱怨已经不是第一例了。在老百姓眼里，餐饮娱乐服务本身是消费者的选择性消费，强加限制，是不是有点过分了？大家只是碍于没有相关法律规定，不能说饭店里有"最低消费"的规定是违法的，但心里早就对商家的此类做法非常反感了。很多人都对此深感不解，希望有关的专家能给个说法。

面对“最低消费”，人们该持怎样的观点呢？部分法学专家认为，最低消费侵害了消费者的合法权益，违背了消费者的意愿，因此应当撤销。但如果从经济学角度来看，最低消费具有一定的合理性。首先，撤销“最低消费”，于法无据，没有哪项法律规定应当对其进行撤销。其次，在消费者消费的过程中，最低消费如果是被明确告知的，那么，消费者有充分的选择余地，决定是否消费。当他选择消费的时候，就应当视其为是理性的消费者，是承认这种消费的，则可以推断出这种“最低消费”是合理的。如果消费者不接受这种“最低消费”，消费者有权拒绝。尤其是在有些饭店里，有包间最低消费多少一说，这是商家提供的特殊服务，因为包间的配置也是需要一定成本的，只要商家的要求不过分，最低消费就合情理。

餐饮业应当算是充分性竞争行业，经营者有选择何种经营方式的权利。倘若商家出高额费用提供幽雅的环境、齐备的设施、一流的饭菜和服务，却得不到相应回报，那么经营就会亏损。打个夸张点的比方就是，到一家五星级大酒店里消费，只有消费者花了上千元，饭店才可能有利润入账，如果大家都只消费几十元钱，恐怕饭店早就关门了！这时候，你再看饭店要求客户必须消费满 1000 元，是不是就合理了？退一步说，消费者完全可以不到这里消费，自由选择的权利还是有的。随着部分消费者的放弃，就会筛选出一部分消费能力高的顾客。也可以说，商家是在通过这一途径对消费者进行选择性供给。在商家提供服务的过程中，选择双方是平等的，而商家一般都对进入的顾客有一个基本的消费额预期，不到这个预期值的顾客，不是他们的目标顾客。所以，利用“最低消费”来做个衡量，也是正常的。

这两个观点各说各有理，难以分出胜负。但在现实中，消费者一般都倾向于保护自己的权利，认为不应当有“最低消费”。目前对此迟迟没有相关法律规定出台，所以，工商部门也没有办法采取相应的措施。因此只能再次提醒消费者，在消费前，一定要慎重选择，要清楚该店是否实行“最低消费”，最低消费是多少，以及自己是否要选择这种最低消费。

消费要精明

日常生活中的很多费用是不必要的，有些花销看似不起眼，但长年累月积攒下来，却不是小数目。因此，面对日常生活中的消费，我们要学会精明到一点一滴，这有助我们养成良好的理财习惯，也充分体现了我们的消费智慧。

许多人每天早出晚归努力工作，甚至牺牲休息时间加班加点，结果到了月底，仍然觉得收入和支出刚刚扯平，有时还不够用，这是怎么回事呢？另一些和自己收入同等的却月月有结余，这又是怎么回事呢？差别只在于你是不是能有效地运用每一笔资金，是不是将每一笔消费都翔实地记录下来。通过有效运用和详细记录两种方法，你不但不会把钱浪费掉，反而会因此更了解自己的消费习惯，如此一来，要想存一笔钱，成为人人羡慕的小富翁，就不是难事了。

那么，我们具体该如何将消费精明到一点一滴呢？下面的几大主要消费方面可以为你提供非常重要的参考。

1. 餐饮费

如果想和朋友聊天，尽量把他们约到家里来，这样可以节省一笔饮料费开销。除此之外，还可以自己下厨，体验自己做饭的快乐，因为到餐厅吃吃喝喝十分费钱。

2. 交通费

交通费其实最容易控制，如果路远的话，每天只要提早出门，多搭公共汽车，少打车，即可轻轻松松省下一笔庞大而不必要的开销。

3. 交际费

交际费是生活中最想节省却往往节省不下来的那笔开销，其实最理想的方案就是尽量在家里解决聚餐和吃饭问题，这要比在外面的饭店省钱很多，而且还很卫生。至于实在省不掉的开销，比如结婚礼金等，就记一笔人情账，人家送多少适量还多少，就当是定期储蓄了。

4. 服装费

聪明的女士都知道，宁可挑一两件质地好又不容易过时的服装，也不要选购“仅在这个季节流行”的服装。

5. 娱乐费

为了有效节约，很多娱乐活动都可以在非繁忙时间段进行，比如早场电影票价就比一般的电影票价便宜一半左右。

6. 美容费

如果想省钱，可以自己动手做保养，如清洁、按摩以及祛除青春痘、粉刺等，与到专业美容店相比，每月可省下几十元至几百元不等的费用。

7. 其他杂费

常见的杂费包括水费、电费、电话费等。节约杂费的诀窍在于“用一些巧思”。比如冰箱中食物不要放得太满，可防止电量的损耗；照明用节能灯；使用煤气烧开水，小火比大火要省煤气等。

价格歧视效应：价格“因人而异”

【定律阐释】价格歧视效应实质上是一种价格差异，通常指商品或服务的提供者在向不同的接受者提供相同等级、相同质量的商品或服务时，在接受者之间实行不同的销售价格或收费标准。经营者没有正当理由，就同一种商品或者服务，对条件相同的若干买主实行不同的售价，则构成价格歧视行为。价格歧视是一种重要的垄断定价行为，是垄断企业通过差别价格来获取超额利润的一种定价策略。

同人不同价的缘由——价格歧视

孟尝君是战国后期有名的政治家，是“战国四公子”之一，门下有3000食客，他为这些食客无偿地提供衣食住行。有一位叫冯谖的人因穷困潦倒，无以维持生计，便托人请求孟尝君，表示愿意在他的门下寄居为食客。孟尝君问他有什么爱好，他回答说没有什么爱好。又问他有什么才能，他回答说没有什么才能。孟尝君听后笑了笑，但还是接受了他。佣人看到孟尝君看不起冯谖，就供给冯谖粗劣的饭菜。

按照孟尝君的待客惯例，门客按能力分为三等：上客吃饭有鱼，外出乘车；中客吃饭有鱼，外出无车；下客饭菜粗劣，外出自便。过了一段时间，冯谖倚着柱子弹着自己的剑，唱道："长铗归来乎！食无鱼。"要求改善生活待遇。左右的人把这事告诉了孟尝君，孟尝君就改善了他的伙食。

又过了一段时间，冯谖弹着他的剑，唱道："长铗归来乎！出无车。"左右的人都取笑他，并把这件事告诉了孟尝君，孟尝君给他配备了马车。

这使冯谖深受感动，后来他为孟尝君政治地位的稳定作出了重要贡献。

孟尝君将他的食客分为三等，上等和下等食客的待遇是截然不同的，事实上这些食客是受到了歧视。消费经济学中也存在歧视，即价格歧视。

越剧《何文秀》中有个段子是这样的，算命先生说："大户人家叫算命，命金要收五两银；中等人家叫算命，待茶待饭待点心；贫穷人家叫算命，不要银子半毫分，倘若家中有小儿，先生还要送礼金，倒贴铜钱二十四文，送与小儿买糕饼。"这段唱词中，算命先生的一副好心肠令大家感动不已。

当然，算命先生的话即使被大户人家听到了，大户人家还是可能找他算命，只要算命先生能提供与价值相符的服务。算命先生对不同人家的不同定价策略，似乎并不影响他的

“生意”。他的定价策略其实是很明显的“价格歧视”。

价格歧视，实质上是一种价格差异，通常指商品或服务的提供者在向不同的接受者提供相同等级、相同质量的商品或服务时，在接受者之间实行不同的销售价格或收费标准。经营者没有正当理由地将同一种商品或服务，对条件相同的若干买主实行不同的售价，则构成价格歧视行为。

实行价格歧视的目的是为了获得较多的利润。如果以较高的价格能把商品卖出去，生产者就可以多赚一些钱，因此生产者会尽量把商品价格定得高些。但如果把商品价格定得太高了，又会赶走许多支付能力较低的消费者，从而导致生产者利润减少。这时，生产者会采取一种两全其美的方法，既以较高的商品价格赚得富人的钱，又以较低的价格把穷人的钱也赚过来，这就是生产者所要达到的目的，也是“价格歧视”产生的根本动因。

生活中无处不在的“价格歧视”

价格歧视看上去好像很神秘，其实它无时无刻不在我们身边。在生活中，实行价格歧视的事例比比皆是。大学生放假回家，只要手持学生证，就可以买到半价票；在北京坐公交车，刷卡便可以打 4 折；有的舞厅为了使舞客在跳舞时成双配对，甚至只让男士买票，女士可以免费……

一般电影院会对学生和老人打对折，这样支付能力低的学生和老人也可以去看电影，电影院既不会失去这部分客户，又能对其他客户收取较高费用。这就是一种价格歧视，即你要为同样的商品支付不同的价格。

最能体现价格歧视的例子当属机票的价格。相邻的两个座位价格可能相差1倍——这就是航空公司的价格歧视，它通过对人群进行甄别，然后对不同群体收取不同的费用来实现自己的利润最大化。一般如果你提前两周或一个月去预订机票，价格会比即买即走低得多。因为提前订票的大都是经常看报寻找优惠活动的人，把这些人甄别出来，就可以用低廉的价格来吸引他们。但是对那些说走就走的忙人，价格不是最重要的因素，时间才是最宝贵的。这样的客户群体，收费当然要高啦。

对消费者来说，商家实行“价格歧视”的前提是市场分割。如果生产者不能分割市场，就只能实行一个价格。如果生产者能够分割市场，区别顾客，而且分割的不同市场具有明显不同的支付能力，这样企业就可以对不同的群体实行不同的商品价格，尽最大的可能实现企业较高的商业利润。

如果没有价格歧视，每个消费者都平等，实际上会造成对高“需求者”（需求弹性小、支付意愿强的消费者）的歧视。厂商向每一位顾客收取其刚好愿意支付的价格的做法叫作“完全价格歧视”。完全价格歧视表面上看好像不公平，其实未必。这是因为，在整个价格歧视中，不同的有效需求者都能得到有效的供给，因而从需求与供给相等的意义上说，没有任何人遭到歧视。对高“需求者”歧视不行，对价格敏感、需求弹性大的普通百姓而言，如果不被“歧视”，那就更不答应了。所以说，价格歧视本身也是一种市场公平的体现。

【定律链接】什么是“二级价格歧视”与“影子价格”

二级价格歧视也称作非线性定价。垄断厂商按不同的价格出售不同单位的产品，但是购买相同数量产品的每个人都支付相同的价格。一个垄断的卖方还可以根据买方购买量的不同，收取不同的价格。比如，电信公司根据客户每月上网时间的不同，收取不同的价格，对于使用量小的客户，收取较高的价格；对于使用量大的客户，收取较低的价格。因此，不是不同的人之间，而是不同的产量之间存在价格歧视。

影子价格是投资项目经济评价的重要参数。它是指社会处于某种最优状态下，能够反映社会劳动消耗、资源稀缺程度和最终产品需求状况的价格。影子价格是社会对货物真实价值的度量，只有在完善的市场条件下才会出现。但这种完善的市场条件是不存在的，因此现成的影子价格也是不存在的，只有通过对现行价格进行调整，才能求得它的近似值。